Ⅳ（19~24）堂課

安琪老師的24堂課

Angela's Cooking

出版緣起

出版食譜，出了快 30 年，一直認為出版食譜，就應該是詳實的記錄整道菜烹煮的過程，這樣讀者就能按步就班的輕易學會，所以沿襲著媽媽的習慣，我們常自傲的就是：跟著我們食譜做，一定會成功。

隨著時代的腳步，年輕朋友在清、新、快、簡的飲食要求下，的確改變了對食譜的要求，在「偷呷步」的風潮下，我們食譜裡的 Tips 或「老師的叮嚀」，變成了食譜的主要賣點；在「飲食綜藝化」的引領下，看教做菜的節目，反而是娛樂性遠大於教育性，而買食譜變成了捧明星的一種方式。

有一次看大姊在上課教學生，說到炒高麗菜這道菜，從高麗菜的清洗方式，到炒的時候要不要加水這兩件事，就讓我興起了出教學光碟的想法，原來在教做菜的過程中，有那麼多的小技巧，是只可言傳而無法用文字記錄下來的・其實這麼多年，也不是沒想過出教學光碟，只是為如何有系統的出、選那些菜來示範，讓我們一直猶豫不決，直到那天大姊跟我說，有一班學生，跟她學了 23 堂課，還要繼續學，她跟學生說，實在沒東西可以教了（因為重複做法，只換主料的菜，她不願教），讓我有了新的想法，就以她上課的教材，拍攝 24 集《安琪老師的 24 堂課》，不但包括了她對中菜的所有知識，也包括了她這麼多年對異國料理的學習心得，於是忙碌的工作從 2012 年夏天開始……。

將近 30 個小時的教學內容，96 道菜的烹調過程，所代表的不只是 96 道美食，更是 96 種烹調方式、種類；和我們對你的承諾：給我們 30 小時，我們許你一身好手藝。

程顯灝

安琪老師的二十四堂課　目錄

第十九堂課

香菇蒸雞球

五更腸旺

油豆腐細粉

客家小炒

清爽滑嫩家常菜

香菇蒸雞球

課前預習

重點 1 香菇蒸雞球的靈感來源

這道菜的靈感來自於港式餐廳常見的香菇滑雞煲這道菜，將煲仔飯的做法，變化一下，用蒸的方式，因此，有了這道香菇蒸雞球，用蒸的沒有油煙，既健康，做起來也很方便。

重點 2 記得先蒸好香菇

這道菜中使用的香菇，必須先蒸過，去除香菇的生味外，後續才能吸收雞肉的香味。蒸的時候，香菇要先洗淨、泡好後去蒂，斜切成適口的大小，加入香菇水、醬油、糖和蔥段調味，記得再加點沙拉油，讓香菇有滑潤的口感。放入電鍋，用 1 杯水蒸 20 分鐘即可。

認識食材

1 半土雞腿：

半土雞腿的判別方式與事先處理，可以參考第三堂課的「蔘杞醉雞捲」（第 1 集，P.58）。

2 金針菜：

前面幾堂課有使用過金針菜這個食材，只要細心處理，就可以安心食用，可以參考第七堂課的「紅燒烤麩」（第 2 集，P.18）。

學習重點

1 什麼是雞球

雞球指的是將雞肉切成方形的肉塊，煮好後雞肉看起來就會一球一球的，切的時候，先切長條再切成方形，不要切得太大塊，才能縮短蒸的時間，也讓雞肉在蒸的過程中保持嫩度。

2 豆包的調味

豆包會鋪排在蒸盤的底部，可以加點鹽、醬油、麻油，讓豆包本身就有味道，一起和雞肉蒸的時候，還會吸收雞汁，非常好吃。

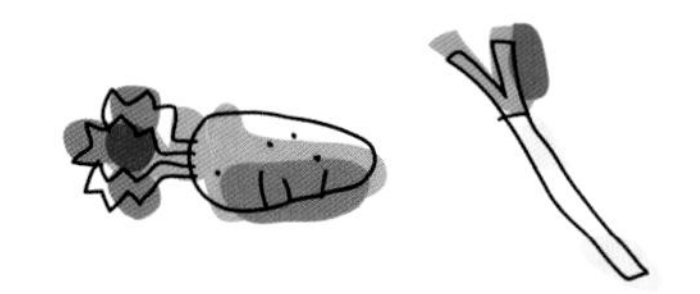

開始料理

材料：

半土雞腿 1 支、冬菇 4 朵、乾金針菜 30 支、新鮮豆腐包 3 片、蔥 2 支、薑 2 片。

醃雞料：

醬油 1 大匙、鹽 1/4 茶匙、酒 1/2 大匙、糖 1/2 茶匙、太白粉 1 大匙、胡椒粉少許。

蒸香菇料：

醬油 1 大匙、糖 1 茶匙、油 1 茶匙、蔥 1 支、泡香菇水。

調味料：

醬油 2 茶匙、鹽 1/4 茶匙、糖 1/2 茶匙、麻油 1/2 茶匙。

做法：

1. 雞腿去骨，用刀在肉面上剁些刀口。剁好後切成約 3 公分的塊狀。蔥和薑拍一下，加入醃雞料中調勻，放下雞塊醃 15 分鐘。
2. 香菇泡軟，視香菇大小切成 2 ～ 3 小片，用蒸香菇料蒸 20 分鐘；豆包切成寬條。
3. 金針菜用水泡 30 分鐘以上，沖洗幾次並摘除硬梗部分。豆包和金針菜一起放碗中，拌上調味料。
4. 選用較有深度的盤子，盤底墊上豆包和金針，再將雞塊和香菇等放在上面。
5. 蒸鍋中的水先煮滾，放入雞肉蒸 20 分鐘至熟。取出上桌即可。

吃素的朋友，可以直接把蒸好的香菇，直接當成一道冷菜來吃，也很美味。

料理課外活動

梅乾菜蒸雞球

材料：

去骨雞腿 2 支、茭白筍 2 支、新鮮豆包 3 片、蔥 1 支（切小段）、大蒜 2 粒（剁碎）、嫩梅乾菜 1 杯。

調味料：

（1）醬油 1 大匙、鹽 1/4 茶匙、水 2 大匙、太白粉 2 茶匙。

（2）水 4 大匙、酒 1/2 大匙、糖 1/2 茶匙、麻油 1/2 茶匙。

做法：

1. 用刀在腿的肉面上剁些刀口，切成約 2.5 公分的小塊，拌上調味料（1）。
2. 梅乾菜快速沖洗一下，略剁碎一點。
3. 茭白筍切成長條塊；豆包切成寬條，鋪在蒸盤上。雞肉和茭白筍拌合，放在豆皮上。
4. 起油鍋，用 2 大匙油爆香蒜末和蔥段，放下梅乾菜再炒至香氣透出。
5. 加入調味料（2）煮滾，再淋在雞腿和茭白筍上，上鍋蒸 20～25 分鐘，至雞肉已熟即可取出。

白切雞

材料：

半土雞 1/2 隻。

調味料：

醬油膏或蠔油2大匙、大蒜2粒（拍碎）、蒸雞湯汁 2 大匙。

做法：

1. 要將雞內部的血塊全部清洗乾淨，放入蒸盤上，淋下 1/2 杯水在蒸盤內。
2. 電鍋外鍋加入 2 杯水，放入蒸雞盤，按下開關，蒸至開關跳起，燜 10 分鐘後再取出雞。
3. 蓋上一層濕紙巾或是濕毛巾放至雞涼。
4. 雞剁成塊，附上沾汁上桌。

麻香夠味一吃上癮

五更腸旺

課前預習

重點1 菜名的由來

菜名中的「五更」，是指凌晨3點～5點的五更天，代表著這道菜，要用小火長時間慢煮，要煮到五更天才能好。現在，在餐廳裡多使用五更鍋上菜，我們在家裡自己做的話，就用一般的砂鍋或鑄鐵鍋也可以。

重點2 大腸頭的處理方法

如果你買到的是外層摸起來還是黏黏的大腸頭，處理方法也很簡單，用2大匙的沙拉油和2大匙的麵粉來抓洗，就可以順利去除黏液了。

重點3 準備一只快鍋

要先把腸頭煮到8分爛，才能和其他食材一起煮，用一般的鍋子煮的話，大概需要1個半小時左右。如果家裡有快鍋，就方便多了。用快鍋煮個15分鐘，關火，等氣閥掉下來，再燜5分鐘～10分鐘，就可以煮出8分爛的腸頭。

認識食材

1 大腸頭：

大腸頭不論在市場或是超市都買得到，不要害怕處理腸頭，其實不難，而且目前大多數的攤商，都會將腸頭洗去黏液，回家後就不必再多做處理。建議要煮之前，可以先剪掉一點腸頭內的肥油，並且用鹽抓一下，能讓口感更脆。

2 鴨血：

鴨血的處理方法，可參考第三堂課「酸辣湯」（第 1 集 P.76）。做五更腸旺，可以將鴨血切得厚一點，比較有口感。

學習重點

1 晚一點再調味

因為這道菜中加了酸菜一起煮，雖然已經漂洗過，但酸菜還是會在煮的過程中釋放出鹹味，因此，除了先用醬油調色之外，不要急著調味，等加入鴨血後，再調味比較適當。

2 砂鍋先爆香

要裝著五更腸旺上桌的砂鍋，先在砂鍋內用辣油和花椒粒爆香一下，再倒入五更腸旺時，可以更添香氣。

開始料理

材料：

大腸頭 1 條、鴨血 1 塊、酸菜 200 公克、大蒜 2 ～ 3 粒、薑片 8 片、紅辣椒 1 支、青蒜 1 支、清湯 2 杯。

煮大腸頭料：

八角 2 顆、蔥 2 支、薑 2 片、酒 2 大匙、水 5 杯。

調味料：

花椒粒 1 大匙、辣豆瓣醬 11/2 大匙、酒 1 大匙、醬油 2 大匙，糖 1/2 茶匙、鹽適量。

做法：

1. 如買的是未處理過的大腸頭，先放在盆中，加大約 2 大匙油和 2 大匙麵粉搓洗，約 1 分鐘後，以清水沖洗乾淨，就可以除去黏液。把腸子切成兩段，燙 2 ～ 3 分鐘，撈出後再抓 1 大匙鹽，將內外搓洗一下、沖乾淨。
2. 大腸放湯鍋中，加煮大腸頭的料，煮約 1 個半小時，至大腸頭約 8 ～ 9 分爛。取出待稍涼後，切成段或剖開後切成片。
3. 鴨血切成大塊，從冷水煮至滾，小火煮 1 分鐘，撈出、泡在冷水中備用；酸菜切片，在水中浸泡一下，去除一些鹹味；青蒜切斜段。
4. 砂鍋中放入 1 大匙油和 1 大匙紅油，放入大蒜片、薑片和辣椒片炒香，接著加入辣豆瓣醬炒一下再放下花椒粒 1 大匙，淋下酒和醬油，炒煮一下，加入清湯和 1 杯煮大腸的湯，放入大腸頭和酸菜，大火煮滾 5 分鐘，再加入鴨血，再以小火慢慢燉煮 15 ～ 20 分鐘，以使味道完全融合。再加入鹽調好味道。
5. 砂鍋放火上加熱，加入紅油 1 大匙和花椒粒，再倒入腸旺等，勾芡後放上青蒜段再煮片刻即可。

鴨血至少要煮 15 分鐘，也很建議不妨泡煮久一點，會越入味，越好吃。

料理課外活動

腸頭燴鮮筍

材料：

大腸頭1條、筍2支、酸菜150公克、清湯1杯、油2大匙、麵粉2大匙。

煮大腸頭料：

八角1顆、蔥2支、薑2片、酒2大匙、白胡椒粒1茶匙、水5杯。

調味料：

鹽適量。

做法：

1. 大腸頭加大約2大匙油和2大匙麵粉搓洗，再以清水沖乾淨。把腸子切成兩段，並用筷子將腸子翻轉過來，再沖洗一下內部，再翻回正面。
2. 鍋中煮滾5杯水，放入大腸頭燙煮10分鐘，取出，再洗一下。另將煮大腸頭的料煮滾，放入大腸頭煮約50分鐘，至大腸頭已經一半爛。取出待涼後，切成段。
3. 筍削皮，切成塊；酸菜切片，泡水中以除去一些鹹味。
4. 湯鍋中放大腸頭、筍塊和酸菜，加清湯和2杯煮大腸的湯汁，煮滾後改小火燉煮1小時，至腸頭夠爛為止，試一下味道，加鹽調味便可。

茄子大腸煲

材料：

滷大腸頭 1 段、茄子 2 條、大蒜 2 粒、蔥 2 支、紅辣椒 1 支、九層塔 1 把。

調味料：

酒 1 大匙、滷湯 2 大匙、醬油膏 1 大匙、水 1/2 杯、糖 1 茶匙、白胡椒粉少許。

做法：

1. 滷大腸先剖開再切段備用；大蒜拍碎；蔥和紅辣椒切段。
2. 茄子切成長條或滾刀塊，用熱油炸約 10 ～ 15 秒，撈出，瀝淨油。
3. 用 2 大匙油爆香蔥段和大蒜，放入大腸頭炒一下，加入調味料，再煮 2 分鐘以入味。
4. 加入茄子和紅辣椒段拌勻，倒入燒熱的砂鍋中，再煮至湯汁收乾，關火、放下九層塔略拌即可。

江浙點心家常做

油豆腐細粉

課前預習

重點1 如何熬雞高湯

雞高湯可以平時有空就做好，放著備用，非常方便。雞高湯做起來也不難，用汆燙過的雞胸肉和4～5份雞胸骨架，加蔥、薑、酒和10杯開水一起下鍋，如此能讓高湯同時有骨香和肉香。

煮約1.5～2小時，用筷子按一按雞架子，如果雞架子馬上散開，就表示味道完全煮出來了，就可以放涼、過濾備用了。沒用到的雞高湯，可以分裝好冷凍保存。另外，雞胸肉，可以在煮了半小時後取出，撕成雞絲做涼拌菜、涼麵。

重點2 泡粉絲的秘訣

常用的粉絲，其實要依照不同的菜式，調整泡發的方法。在這道菜中，因為不希望粉絲吸收太多湯汁，讓湯料變少，因此用溫水泡，泡到大約6～7分漲的時候就可以了。但是如果要做的菜是希望粉絲吸飽湯汁的，例如：螞蟻上樹，那麼就要改用冷水泡。

認識食材

1 油豆腐泡：

油豆腐泡是上海人常用的食材，用來做釀肉、燒雞等等，用途廣泛。因為是油炸製品，所以採買的時候，記得聞聞看，有沒有油蒿味，可以多買一點，冷凍保存。使用前，要先煮 10 分鐘回軟，水量淹到油豆腐泡一半即可，煮的時候，先擠一下油豆腐泡，擠出空氣，便能吸收水分，也才能煮得快。

2 扁尖筍尖：

扁尖筍尖就是扁尖筍的嫩尖，比起扁尖筍還要嫩一點，在南門市場或大一點的市場可以買到，泡約 5 分鐘，就可以撕條切段了。也因為是用鹽醃製的，所以可以保存很久，許多菜餚都可以加入，例如：冬瓜湯、雞湯等等，都會有股特殊的香氣。

學習重點

1 泡百頁的方法

以 6 杯滾水搭配 1/2 茶匙小蘇打粉，泡著約 10 分鐘左右，等百頁變白後，用冷水漂洗，去除小蘇打粉的味道，就可以使用了。留意不要泡太軟，否則包的時候容易破。

2 剁肉要剁多久

過去不少的示範料理中，做肉餡時都會要大家先把絞肉剁一下，到底要剁到什麼程度比較剛好？有個小小的方法可以當作標準。以時間來看，大約 1 ～ 2 分鐘，或者你可以在心裡默數，大約剁了 100 下之內即可，否則就會變成肉泥，失去當作肉餡應有的口感。

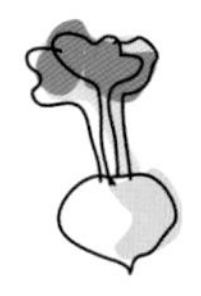

開始料理

材料：

油豆腐泡 6 個、百頁 1 疊、絞肉 300 公克、蔥末 1 大匙、粉絲 3 把、榨菜絲、蛋皮絲、扁尖筍絲、雞湯 6 杯、蔥花適量。

拌肉料：

蔥末、醬油、鹽、麻油各適量。

調味料：

醬油、鹽、麻油各適量。

做法：

1. 油豆腐泡用開水燙煮過後，撈出，涼後擠乾水分。
2. 百頁用熱蘇打水泡至軟（詳細方法見左頁），取出，以冷水漂洗數次、瀝乾。絞肉加蔥末再剁過，加其他調味料拌勻。包入百頁中，成為百頁捲，放入蒸籠中蒸熟約 8 ～ 10 分鐘，取出放涼。
3. 扁尖筍泡軟，加入雞湯中煮 10 分鐘，取出撕成細絲。
4. 粉絲用溫水泡軟。
5. 雞湯中放入油豆腐和百頁捲煮滾，雞湯調味，百頁捲斜切段。
6. 燙煮過的粉絲放碗中，油豆腐剪一道刀口和切開的百頁捲放在上面，再放上榨菜絲、蛋皮絲和扁尖筍絲，淋下雞清湯，滴下麻油即可。

老師的話

油豆腐細粉中的百頁捲，也可以獨立成一道菜喔！

料理課外活動

東蔭功鮮蝦小寬粉

材料：

蝦子6隻、魚板6～7片、乾豆皮3～4個、西芹1/2支、小寬粉2小把、東蔭功湯塊1～2塊或東蔭功醬1大匙。

調味料：

鹽適量、胡椒粉少許。

做法：

1. 蝦子抽腸沙；西芹切段；乾豆皮泡熱水；小寬粉泡溫水至軟。
2. 鍋中放水3杯，煮開後放下東蔭功湯塊（或醬），依個人口味，可用1或2塊。
3. 煮滾後，放下豆皮、西芹和寬粉，再一滾即加入蝦子和魚板，可略加鹽和胡椒粉調味，盛出裝碗。

※ 東蔭功湯塊或醬在超市有售，是泰國一種酸辣口味的湯頭，也可以買瓶裝的醬來調製湯底，再加入自己喜愛的材料，搭配麵或米粉、河粉均可。

雪菜肉末細粉

材料：

絞肉 80 公克、雪裡紅 150 公克、筍絲 1/2 杯、蔥花 1 大匙、粉絲 2～3 把、紅辣椒 1 支、清湯 3 杯。

調味料：

醬油 1 大匙、鹽 1/4 茶匙、糖 1/4 茶匙、水 1/4 杯。

做法：

1. 雪裡紅漂洗乾淨，擠乾水分，由梗部開始切成細末（老葉子的部分就不要）；辣椒切圈。
2. 用 2 大匙油爆炒蔥花和絞肉，至肉已熟透，放下辣椒和雪裡紅來拌炒，再加入調味料，大火拌炒均勻，做成雪菜肉末。
3. 粉絲泡軟，放入煮滾且調味的清湯中，煮至喜愛的爛度即關火，盛入碗中之後放下適量的雪菜肉末。

經典客家風味重現

客家小炒

課前預習

重點 1 泡發乾魷魚的方法

客家小炒中的魷魚，為了維持口感，不能泡的太久，因此不能買市面上泡得太軟的魷魚。建議買乾魷魚回家自己泡發。

泡發乾魷魚，有三種方式。第一個就是常用的小蘇打粉，第二個就是比較少見的鹼塊或鹼粉，第三種就是最常見的鹽。用鹽泡發的話，以 3 杯水加 1 大匙的鹽調勻即可，記得一定要用冷水來泡發魷魚，不能使用熱水，否則魷魚會捲起來。

泡發時，可視家中鍋子的大小來裁剪魷魚，將魷魚放入鹽水中後，同時也取一個小碗或小盤子，壓在魷魚上方，讓所有的魷魚都可以充分浸泡在鹽水裡，避免浮出水面的魷魚無法泡透。

當能夠將魷魚上的膜取下時，就是已經泡好了，需時大約 2 ～ 3 小時。

重點 2 食材的份量可自行調整

通常半條魷魚，就可炒出一份客家小炒，也可以視豆乾的量來決定魷魚的量。如果正好適逢蔥的產季，也可以加些蔥；愛吃辣的人，除了配色的紅辣椒，也很建議再加些小辣椒。

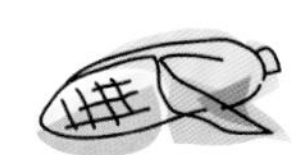

認識食材

1 乾魷魚：

對客家人來說，乾魷魚是過年時必備的食材，代表著年年有餘，是很吉祥討喜的一項食材。乾魷魚可以在雜貨攤上買到，採買時記得用手摸摸看，表面有乾粉的是正常的，但是，如果有點潮濕或黏黏的，就表示已經反潮，不太新鮮了。

學習重點

1 魷魚順絲切與逆絲切的差異

切魷魚時逆絲切與順絲切會有不同的效果。順絲切，炒起來會比較有嚼勁，不過如果家中有牙口不好的長輩，可以改用逆絲切，但是炒的過程中，魷魚遇到熱度就會捲起來。

2 炒的順序

因為食材較多，要讓每個食材吃起來都口感、味道俱全，炒的順序就要留意一下。首先，要先煸香五花肉，煸出豬油的香氣，再用煸出的豬油煎香豆乾。豬肉與豆乾先盛出後，繼續將魷魚炒香，再放入芹菜段、蔥段、蒜白片和辣椒拌炒。拌炒過程中，加點水可以幫助所有食材的香氣融合。

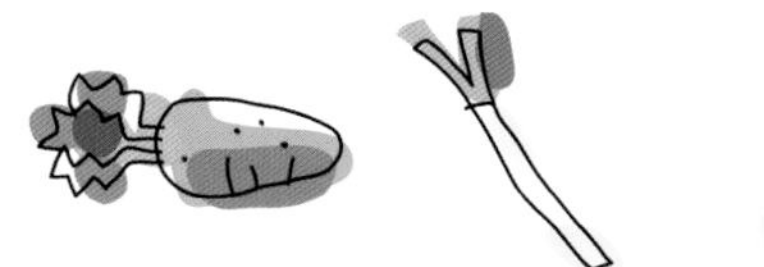

開始料理

材料：

乾魷魚 1/2 條、五花肉 150 公克、大豆腐乾 2 個、芹菜 2 支、蔥 4 支、青蒜 1 支、紅辣椒 1 支。

調味料：

酒 1 大匙、醬油 2 大匙、鹽 1/4 茶匙、糖 1/2 茶匙、水 1/4 杯。

做法：

1. 魷魚放在薄鹽水中泡 2～3 小時（水中加鹽，3 杯水約加 1 大匙的鹽水要蓋過魷魚），取出橫著（直絲）切成粗條。
2. 五花肉切成粗條；豆腐乾也切成如筷子般粗細的粗條；蔥、青蒜和芹菜切段；紅辣椒切斜片。
3. 燒熱 3 大匙油，放下五花肉爆至外層焦黃，盛出；放下豆腐乾也煎至外表微硬，加入魷魚和蔥段、青蒜段、芹菜段一起爆炒至香，淋下酒等調味料大火炒透，最後放下紅辣椒片，一拌即可裝盤。

客家小炒，除了是很下飯的一道菜外，也很適合當作下酒菜。

料理課外活動

沙茶小炒

材料：

五花肉100公克、蝦米1大匙、魚丸150公克、豆腐乾4～5片、紅辣椒2～3支（切粒）、青蒜1/3支（切粒）。

調味料：

沙茶醬1又1/2大匙、醬油1/2大匙、糖1/2茶匙。

做法：

1. 五花肉切成小片。
2. 蝦米泡軟、摘去硬殼，大的話可以切幾刀。
3. 魚丸和豆腐乾切丁。
4. 起油鍋用2大匙油炒五花肉，待五花肉出油後，把油再倒掉一些，將肉盛出。
5. 放下豆腐乾煸炒一下，略焦黃時，放下蝦米炒香，再放下辣椒粒、魚丸和五花肉炒匀，沿鍋邊加入2～3大匙水，使材料味道融合。
6. 加入調匀的調味料拌炒，撒下青蒜粒再炒匀即可。

韭黃筍絲炒肉絲

材料：

肉絲 100 公克、韭黃 80 公克、筍 1 支、紅椒絲少許。

調味料：

（1）醬油 1 茶匙、水 2 茶匙、太白粉 1/2 茶匙。
（2）鹽少許、水 3 大匙、麻油數滴。

做法：

1. 肉絲用調味料（1）拌勻，醃 30 分鐘。
2. 韭黃洗好、摘除爛葉、切成 3 ～ 4 公分的段。
3. 筍連殼煮熟（約 30 ～ 40 分鐘），待涼後去殼、切成較粗的絲。
4. 用 2 大匙油把肉絲先炒散，加入筍絲再炒。加入鹽和水，以大火快炒，再加入韭黃快速拌炒數秒鐘，見韭黃已脫生即可關火。
5. 放下紅椒絲、滴下麻油，一拌即可裝盤。

第二十堂課

香酥雞腿

軟溜魚帶粉

海鮮豆腐煲

三鮮春捲

家傳經典美味

香酥雞腿

課前預習

重點1 菜餚的靈感來源

這道香酥雞腿其實靈感來自於過去北方館子裡最流行的菜色之一「香酥鴨」。隨著時代慢慢改變，小家庭越來越多，一大隻鴨子做的香酥鴨，常常會吃不完，於是母親開始用雞腿取代鴨肉，慢慢地就成了我們家的家傳菜。

重點2 炸過的油如何再利用

做炸類的菜餚時，剩下的油多半可以再利用。雖然今天香酥雞腿，要先沾裹上粉類再油炸，其實剩油也是可以再利用的。只要讓油先冷卻，讓粉料沉澱到底部之後，再取出上層乾淨的油放在容器裡，就可以了，而且，每天炒菜用一點，很快就能消耗完畢。

重點3 留下蒸雞腿的汁

第一道手續會需要先將雞腿蒸爛，蒸過之後留下的湯汁，記得要放涼之後冷凍保存，是很棒的雞湯原汁，你可以加入高湯或是滷汁中，或者直接稀釋成雞湯，都很好運用。

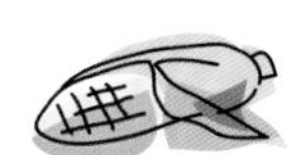

認識食材

1 肉雞腿：

這道菜選擇肉雞，因為需要先蒸爛再炸到酥嫩，因此肉雞的肉質比較適合，土雞的肉較結實，反而不適合。選擇哪一種雞肉，需要看菜餚的烹調方式決定的。

學習重點

1 炒出完美的花椒鹽

花椒要放入冷的不放油的乾鍋中，用小火慢慢炒香，爐火太大會讓花椒容易焦掉，產生苦味。等到花椒香氣散出後，再加入鹽一起炒，等鹽炒到略黃，就要馬上關火盛出，避免鍋子的餘熱讓花椒變苦。

2 醃雞腿的方法

醃雞腿時，要雙手並用，將所有的醃料和雞腿抓拌一下，甚至按摩一下，讓每隻雞腿都能均勻地沾到花椒粒。醃的時間，至少要有 6 個小時，如果想要前一天醃好也可以，因為鹽的份量不多，所以也不必擔心醃太久會太鹹。

3 蒸肉類的小祕訣

蒸雞腿可以用電鍋或炒菜鍋，放上蒸架就可以了。記得要等水滾了，開始冒蒸氣時再放進雞腿，並且開始計時，如此一來，骨頭裡的血沫才不會滲出來。同樣的，其他肉類，包括魚肉，也是如此。

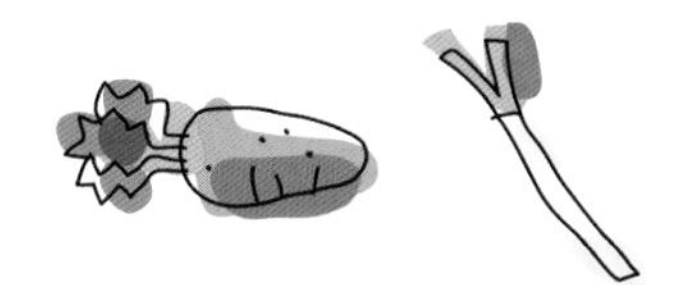

開始料理

材料：

棒棒雞腿 6 支、醬油適量、麵粉 3 大匙、花椒鹽 2 茶匙。

醃雞料：

花椒 2 大匙、鹽 1 大匙、蔥 3 支、酒 1 大匙。

做法：

1. 在乾的炒鍋內用小火炒香花椒粒，再放下鹽略為拌炒，盛入盤中，再放下拍碎的蔥段及酒拌合，用來擦搓雞腿，約搓 2 分鐘後放置在盆中醃 6 小時以上。
2. 將醃過之雞腿放在盤上，移進蒸鍋內，用大火蒸 1 個小時以上至雞十分酥爛為止。
3. 待雞腿稍涼時，用醬油塗抹雞腿，並撒下乾麵粉拍勻後，投入熱油中，用大火炸兩次至雞腿呈金黃色即好。
4. 雞腿可附荷葉夾或麵包片上桌，或備花椒鹽沾食。

在家自己做炸物，可以親自把關油的品質，還可避免外食可能用回鍋油的疑慮，讓家人吃得更安心。

料理課外活動

去骨鹽酥雞

材料：

去骨雞腿 2 支、蔥 2 支、薑 2 片、番薯粉 2/3 杯、麵粉 1 大匙、九層塔 3～4 支。

調味料：

（1）酒 1 大匙、鹽 1/4 茶匙、胡椒粉少許、蛋黃 1 個。

（2）五香粉 1/2 茶匙、白胡椒粉 1/2 茶匙、鹽 1 茶匙、大蒜粉 1 茶匙。

做法：

1. 將雞腿剁成 3 公分大小的雞塊，放在大碗中。加入拍碎的蔥、薑及調味料（1）一起拌勻，醃 30 分鐘以上。
2. 番薯粉和麵粉拌勻後用來沾裹雞塊，盡量使每塊雞肉均裹上粉料，放置 3～5 分鐘。
3. 鍋中把 4 杯炸油燒至 8 分熱，放入雞塊，以中小火炸至 9 分熟（約 1 分半鐘），先撈出雞塊。
4. 將油再燒熱，重新放下雞塊，以大火再炸 15～20 分鐘，至外表酥脆，撈出、瀝淨油漬。
5. 放下摘好的九層塔炸一下，變略透明時即撈出，和雞塊略拌，灑下調勻的調味料（2）即可。

酥炸雞條佐雙醬

材料：

雞胸肉 2 片。

調味料：

（1）鹽 1/2 茶匙、胡椒粉 1/4 茶匙、蒜泥 1 茶匙、水 1/2 杯。

（2）炸雞粉 2/3 杯、脆酥粉 2/3 杯、胡椒粉 1/4 茶匙、水 1 杯。

沙沙醬：

番茄 1 個、洋蔥末 2 大匙、香菜 2 支、紅辣椒 1 支、檸檬汁 1 茶匙、鹽和糖各少許適量調味。

塔塔醬：

美奶滋 3 大匙、法式芥末醬 1/2 茶匙、剁碎酸豆 1 大匙、剁碎酸黃瓜 1 大匙、剁碎洋蔥末 2 茶匙、白煮蛋蛋白 1/2 個（剁碎）。

做法：

1. 將雞胸肉較厚的地方再片開，用刀背拍打，使肉質鬆嫩，再切成條。
2. 把調味料（1）先放在盆中調勻，再放下雞肉條醃 15 ～ 20 分鐘；調味料（2）混合均勻，糊料太乾時可以再加一點水，但要盡量濃稠。
3. 洋蔥末泡水 3 分鐘以去除辣氣；番茄、香菜和紅辣椒分別剁碎（或和洋蔥一起放在調理機中，快速打幾下）。全部放入碗中，加鹽、糖和檸檬汁調味，做成沙沙醬；另外調好塔塔醬。
4. 把 4 杯炸油燒至 7 分熱，雞肉條瀝乾水份並擦乾後，沾裹上粉糊料，投入油中，先以中火炸熟，撈出。
5. 油再燒至 8 ～ 9 分熱，放下雞條，以大火炸至酥脆且呈金黃色，撈出，瀝乾油漬，裝盤。附沙沙醬和塔塔醬上桌。

濃郁香滑魚鮮美味

軟溜魚帶粉

課前預習

重點1　「軟溜」烹調技法

「軟溜」是中國菜的烹調技法中「溜」的一種，特色是勾芡，製成的菜餚湯汁濃稠明亮。除了軟溜，還有焦溜、醋溜等等。軟溜是用汆燙好或蒸好的軟嫩食材來溜，焦溜是先將食材炸好來溜。

重點2　四種配料各司其職

使用到的四種配料，紅辣椒取其紅色不取其辣，所以要將籽去掉；蝦米則是增加鮮味，大蒜是增加香氣，蔥花的綠色也能夠產生配色的效果。

重點3　壓刀法切碎蝦米

將蝦米切碎時，使用壓刀法，一隻手握住刀柄，一隻手握住前端，固定刀尖當作圓心，來回移動刀柄端，就可以將蝦米切斷，這個方法比起用剁的來得方便，蝦米就不會亂跳動。

認識食材

1 白色魚肉：

今天示範料理使用的是青衣，你也可以選用比較好買的鯛魚，也有餐廳使用草魚，基本上只要是新鮮的白色魚肉，都可以替換。

學習重點

1 煮魚片技巧：

魚片下鍋煮時要小心，首先要注意的就是，下鍋前要一片一片攤平的下鍋，否則一煮定型了，就不好看了，另外，要用小火煮，輕輕的在鍋子中泡煮，直到魚肉完全變成白色，就表示熟了，撈出的時候，也要記得，動作盡量輕，因為熟的魚片非常易碎。

2 糖醋汁的比例與順序

為了搭配海鮮的風味，糖醋汁可以調酸一點，也就是醋比糖多。另外，所有調味料調製的順序也要留意，依序是鎮江醋、糖、水、太白粉、麻油和白胡椒，若先放麻油再加太白粉，太白粉會不易融化。

開始料理

材料：

白色魚肉 250 公克、蔥 2 支、薑 2 片、蝦米 2 大匙、蒜末 1 大匙、紅椒屑 1 大匙、蔥屑 1 大匙、粉絲 1 ～ 2 把。

調味料：

（1）鹽 1/4 茶匙、水 3 大匙、太白粉 1 又 1/2 大匙。

（2）糖 3 大匙、醋 4 大匙、醬油 1 大匙、鹽 1/4 茶匙、水 1 又 1/2 杯、太白粉 1 大匙、胡椒粉少許、麻油數滴。

做法：

1. 魚肉斜切成片，用調味料（1）拌醃 30 分鐘。
2. 鍋中煮滾 5 杯水，將粉絲燙熟撈出，放在大盤中。在水中加入蔥段、薑和酒 1 大匙，放入魚片以中小火燙煮至熟，撈出放在粉絲上。
3. 另用 2 大匙油炒香大蒜和蝦米屑等，倒入調勻的調味料（2）煮滾，淋在魚肉上。

想要用麵條取代粉絲的話，麵條可以煮熟後稍微用油煎一下。

料理課外活動

西湖醋魚

材料：

活草魚中段一段（約600公克重）、嫩薑絲1/2杯、蔥2支、薑片2片。

調味料：

酒1大匙、清湯或水2又1/2杯、醬油2大匙、糖3大匙、鎮江醋4大匙、鹽1/4茶匙、老抽醬油1/2茶匙、藕粉水（或太白粉水）2大匙、麻油1/3茶匙。

做法：

1. 買草魚或青魚的中段一段，剖開成兩片，一片帶魚大骨，一片無骨。每片上再劃切一刀口。
2. 在大鍋內燒滾開水4杯（加入蔥支、薑片同燒），將帶骨的魚先放入鍋中，間隔10秒再放入無骨的一片。待水滾後改用小火泡煮約2分鐘左右，見魚肉已熟時，馬上熄火，撈出裝盤。
3. 嫩薑絲用冷開水泡一下後，擠乾，撒在盤中的魚身上。
4. 將油2大匙燒熱，淋下酒爆香，隨即加入清湯2又1/2杯，並放入醬油、糖、醋、鹽、老抽等，待再沸滾時勾芡、滴下麻油，全部淋在魚上，趁熱上桌。

糟溜魚片

材料：

新鮮魚肉 300 公克、
木耳（泡發）1 杯、
豌豆或青豆 1 大匙。

調味料：

（1）鹽 1/4 茶匙、水 1 大匙、蛋白 1 大匙、太白粉 1/2 大匙。
（2）薑末 1/2 大匙、大蒜末 1 大匙、糖 1 茶匙、鹽 1/4 大匙、清湯 1 杯。
（3）香糟酒（或酒釀）3 大匙、太白粉水 1 大匙。

做法：

1. 魚肉切成 3 公分寬、半公分厚之片狀，依序用調味料（1）抓拌均匀，醃約 20 分鐘。
2. 油 2 杯燒至六分熱，倒下魚片泡熟，撈出並瀝乾油份。
3. 木耳用熱水泡至軟透、摘好，用開水川燙一下，瀝乾放在盤中墊底。
4. 在炒鍋中放下調味料（2）煮滾，然後落魚片和豌豆下鍋，再加入香糟酒，搖動炒鍋勾芡，使粉與汁完全混合均匀，最後可在淋下 1 大匙熱油，盛裝到木耳上。

鮮美澎湃鍋物

海鮮豆腐煲

課前預習

重點 1 新鮮干貝的事先處理

新鮮的干貝和乾的干貝一樣，都有軟筋，如果不去掉，筋煮熟會變硬不好吃。所以記得，將軟筋摘除，並且用鹽和太白粉醃一下，既有口感也有味道。

重點 2 判斷鮮魷新鮮的方法

挑選鮮魷時，可以從兩個地方判斷新鮮度，首先是看魷魚顏色是否斑點分明，或是咖啡色的點點是否均勻，另外，魷魚的膜可以順利撕下，不會容易破碎斑駁，也是新鮮度的判斷之一。

重點 3 不同海鮮需要不同的燙煮火侯

蝦子、鮮魷、干貝、蟹腿肉雖然都是海鮮，但特性不同，即便汆燙也需要不同的火侯。蝦子要用最滾的水來燙，也可以用熱油來過蝦。干貝、蟹腿肉與鮮魷則需要用 9 分熱的水，小火慢慢泡熟，以免食材遇高溫縮小。

認識食材

1 雞蛋豆腐：

雞蛋豆腐本身有點Q度，適合做豆腐煲和老皮嫩肉等菜餚。要順利取出盒裝雞蛋豆腐，也有個小撇步。先將盒子倒扣，削掉一點盒子的邊角，讓空氣進入，即可輕易倒出。

學習重點

1 炸豆腐的訣竅

炸過的豆腐，較有香氣，但是炸豆腐時容易沾黏在一起，所以最好一塊塊地依序放入油鍋，一次放太多塊，容易黏在一起。而且在還沒有炸硬前不要用鏟子撥動，很容易將豆腐弄破。自己在家裡炸，可以用少一點油，分幾次來炸，較省油。有氣炸鍋的人，也可以使用氣炸鍋來炸。

2 砂鍋菜燒滾滾的方法

非常建議在炒料的同時，用另外一個爐子加熱砂鍋，因為等到所有的食材烹調完成後，上桌前倒入砂鍋，端上桌時，燒熱的砂鍋就會滾的咕嘟咕嘟響，也能讓家人或客人感到熱騰騰的美味。

開始料理

材料：

蝦 10 隻、鮮貝 6 粒、鮮魷 1 條、蟹腿肉 1/2 盒、香菇 4 朵、綠花椰菜適量、雞蛋豆腐 1 盒、蔥 2 支、薑 6 片。

醃料：

鹽適量、太白粉適量、酒適量。

調味料：

蠔油 1 大匙、鹽適量、太白粉水適量。

做法：

1. 蝦剝殼洗淨，和鮮貝、蟹腿肉分別用醃料拌醃 10 分鐘。投入滾水中小火泡燙至熟，立即撈出。
2. 綠花椰菜摘成小朵，用滾水汆燙一下撈出，沖冷水。豆腐切塊，用熱油炸至外皮變金黃色，瀝出；香菇泡軟、切小塊。
3. 起油鍋爆香蔥段和薑片，加入香菇和綠花椰菜略炒一下，放下蠔油及高湯煮滾，倒入砂鍋中，同時放下豆腐及海鮮料，煮滾後即可勾芡上桌。

老師的話

如果沒有時間準備這麼多海鮮料，單單使用一種海鮮，也是可以的，自己喜歡、方便最重要。

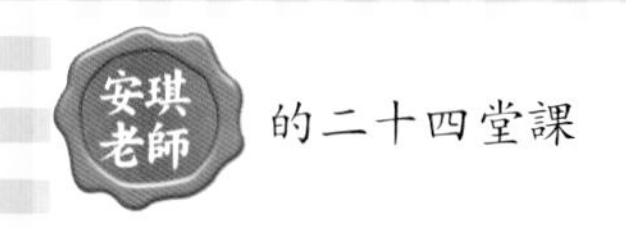

料理課外活動

鹹魚雞粒豆腐煲

材料：

雞腿 1 支（或雞胸肉 1 片）、鹹魚 80 公克、豆腐 2 方塊、蔥 1 支、薑末 1 茶匙、蔥花 1 大匙。

醃雞料：

醬油 1/2 大匙、水 1 大匙、麻油 1 茶匙、胡椒粉少許、太白粉 1/2 大匙。

調味料：

酒 1 大匙、蠔油 1/2 大匙、醬油 1/2 大匙、糖 1 茶匙、高湯 1 又 1/2 杯、太白粉水適量。

做法：

1. 雞腿剔去骨頭後切成 2 公分大小的丁，用醃雞料拌勻，醃 30 分鐘；蔥切段備用。
2. 鹹魚切成如黃豆般小粒，用油炒炸至酥，盛出。
3. 將豆腐切成四方形，用熱油炸黃外表，撈出，放入煲中。
4. 油倒出，僅留下 1 杯左右，將雞粒快速過油，撈出，油倒出。
5. 僅用約 1 大匙油爆香蔥段和薑末，淋下酒、蠔油、醬油、糖和高湯，煮滾後倒入煲中，放下雞粒和鹹魚，煮約 1 分鐘，勾芡後再放下蔥花一拌即可。

老皮嫩肉

材料：

雞蛋豆腐 1 盒、高麗菜 250 公克、紅辣椒 1 支。

調味料：

淡色醬油 2 茶匙、水 1 大匙、糖 1/2 茶匙。

做法：

1. 雞蛋豆腐取出，先直切一刀後再橫著切成約 1 公分厚的片。
2. 高麗菜切粗絲，撒少許鹽（分量外），待出水後擠乾水分，加入紅椒絲，拌上糖和白醋（分量外），放置 5 ～ 10 分鐘，做成糖醋泡菜。
3. 鍋中炸油燒到非常熱，放入豆腐片，大火炸至近焦褐色，撈出，油倒出。
4. 鍋中煮滾調味料，放入豆腐，輕輕一兜炒即起鍋裝盤，附上糖醋泡菜上桌。

酥脆爆漿宴客菜

三鮮春捲

課前預習

重點1 春捲爆漿的秘密

這道春捲，不只家人喜愛，連朋友們也非常捧場，有朋友甚至戲稱我們家的春捲會爆漿。主要是因為，內餡的白菜炒軟之後，會勾芡。春捲經過油炸之後，冷凍的芡汁就會融化成湯汁，就像小籠湯包一樣，一口咬下就能嘗到湯汁。

重點2 不耐久煮的食材先處理

春捲的配料中，蝦子和肉絲是屬於不耐久煮的食材，需要先用過油的方式處理。只要用大約 3 大匙的熱油，將蝦仁丁炒脆，待油稍微降溫後再炒肉絲即可。

重點3 親子同樂，一起包春捲

做這道春捲時，可以請家中的孩子或全家人一起來包，製作美味春捲的同時，也可以親子同樂。

認識食材

1 春捲皮：

買回來的現做春捲皮，記得趁溫熱時，先一張張地分開，以免涼了後，整疊的春捲皮會黏在一起，拿取時容易撕破，也要注意避免接觸空氣，春捲皮會變硬，就不好包了。沒用完的春捲皮，只要用塑膠袋包好或放保鮮盒，冷凍可保存 1 ～ 2 個月。

學習重點

1 炒過肉絲的鍋內沾黏處，別洗掉

炒完肉絲時，你會發現鍋子有點沾黏，千萬別急著清洗，把這些沾黏留在鍋裡，能為後續炒菜增添醬香和肉香。而且，炒菜時只要加點水，沾黏部分就會融在菜裡。

2 炸春捲的火侯

炸春捲的油溫不能高，要用 6 分熱的油來炸，當油溫慢慢拉高，一層層的皮才能炸的酥脆。油溫太高的話，春捲外皮會馬上變硬，裡面會炸不透。此外，從冷凍室拿出來的春捲不必解凍，直接下鍋就好。

3 包春捲之前要留意

春捲皮有一面比較光滑面，另一面比較粗糙，比較不好看，記得把不好看的面朝上，將餡料包在裡頭，如此一來，炸好的春捲外皮才會光滑漂亮。

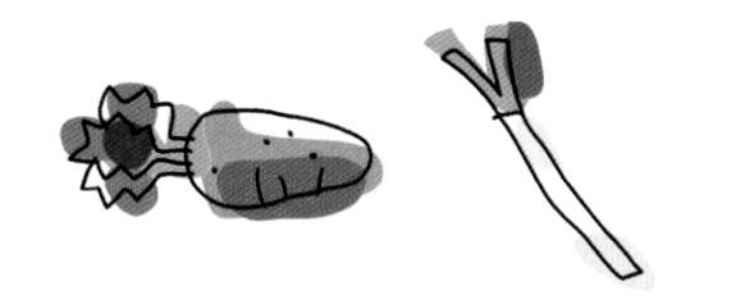

開始料理

材料：

蝦仁 150 公克、肉絲 150 公克、香菇 5 朵、大白菜 1.5 公斤、筍 1 支、蔥 2 支、春捲皮 600 公克、麵粉糊 1 大匙。

調味料：

（1）醬油 1 大匙、太白粉 1 茶匙、水 1 大匙。
（2）鹽、太白粉各少許。
（3）醬油 2 大匙、鹽適量、太白粉水適量。

做法：

1. 肉絲用調味料（1）拌醃 10 分鐘。蝦仁用（2）料醃 10 分鐘。香菇泡軟切絲。白菜及筍子分別切絲。
2. 肉絲和蝦仁分別過油炒熟，撈出。用 3 大匙油爆香香菇絲和蔥花，放下白菜絲炒軟，加入筍絲煮至白菜已軟，用醬油、鹽調味，放入肉絲、蝦仁拌勻，勾成濃芡後盛出放涼。
3. 春捲皮放約 2 大匙的餡料，包成長筒形，塗少許麵粉糊黏住封口。
4. 油燒至 6 分熱，投入春捲炸至金黃色，撈出，將油瀝乾裝盤。

可以一次做多一點，放在冷凍庫裡，想吃的時候，炸一下就可以了。

料理課外活動

生財脆肉捲

材料：

豬絞肉300公克、紅蔥頭2～3粒、大蒜2粒、西生菜1/3球、春捲皮300公克、麵粉糊適量。

調味料：

酒1大匙、醬油3大匙、糖1/2大匙、水1又1/2杯、胡椒粉1/4茶匙。

做法：

1. 紅蔥頭切片、大蒜剁碎；西生菜切絲、洗淨、擦乾水分。
2. 起油鍋用2大匙油炒香紅蔥屑和大蒜屑，待有香氣時，加入絞肉同炒。
3. 待絞肉變色後，淋下酒、醬油、糖和水，煮到肉夠軟後，加入胡椒粉，以大火收乾湯汁，盛出、放涼，做成肉燥餡料。
4. 取春捲皮1張，放上生菜絲和肉燥餡料，包捲成細長條，以少許麵粉糊封口。
5. 用熱油炸成金黃色，撈出，切成段、排盤。

台式潤餅

材料：

高麗菜 400 公克、豆腐乾 10 片、綠豆芽 300 公克、胡蘿蔔絲 1 杯、叉燒肉 150 公克、香菜 2~3 支、花生粉 4 ～ 5 大匙、春捲皮 400 公克。

調味料：

（1）鹽適量、糖少許。

（2）淡色醬油 1 大匙、鹽少許、麻油適量、胡椒粉適量、甜辣醬適量。

做法：

1. 高麗菜切成粗絲，豆腐乾和叉燒肉也分別切成絲，和綠豆芽、胡蘿蔔及蘿蔔乾碎一起都準備好。
2. 將高麗菜、胡蘿蔔、綠豆芽分別用熱油炒熟，並在炒的時候用調味料（1）調味。
3. 豆腐乾絲煸炒至黃且有香氣，淋下調味料（2）的醬油、鹽和麻油，盛出待用。
4. 碎蘿蔔乾用少量的油炒至乾香，並灑下胡椒粉炒勻，盛起待用。所有潤餅料備妥、分別放在盤中，用一張半的春捲皮包上各式材料和適量的甜辣醬，包捲好即可食用。

第二十一堂課

炒炒肉

麻婆豆腐

紅燒肚膅

蝦仁焗烤飯

記憶中的家傳美味

炒炒肉

課前預習

重點1 傳承三代的家傳菜餚

炒炒肉光看菜名，很難明確的知道是什麼樣的菜色。其實就是蔬菜炒肉絲。是在我姥姥的年代就有的菜式。當時因為環境比較艱苦，因此就用一點肉絲和大量的蔬菜一起拌炒，並且將肉放到菜名中，比較吸引人，同時更是傳家的私房美味之一。到了我母親的年代，生活條件比較好了，母親便在這道菜中加了香菇，增加香氣，也讓菜餚更豐富。

重點2 木耳也是北方菜的常見食材

因為東北盛產木耳，所以在北方菜中，木耳是常見的食材，許多北方菜中，都會使用到木耳，北方人又稱作黑菜。

重點3 中國菜「炒」的藝術

在西方的菜系比較起來，只有中國菜裡有「炒」這種烹調方式。秘訣就是用鏟子將菜從炒鍋底部翻起，透過不斷的翻攪，來將食材炒熟。現在有許多人為了遷就平底鍋，用筷子來炒菜，其實都是不太正確的，還是要使用鏟子，才能炒出色香味俱全的佳餚。

認識食材

1 大白菜／結球白菜：

在北方的冬天時，葉菜類就只有大白菜是產季，但是在台灣長型的山東大白菜，不太好買，不過結球白菜也很適合。結球白菜的特色可參考第十五堂課「瑤柱烤白菜」（第三集，P.64）。

學習重點

1 如何切出漂亮的蔥絲

蔥是圓筒狀的，要橫著片開後再切，就可以切出漂亮的蔥絲，沒有橫剖切出來的是圓圈狀。橫切時，刀面放平，左手壓住青蔥，從蔥的根部順著往前推，就可以很好切了。

2 食材下鍋炒的順序

我們在不少示範料理中，都提過炒料的順序，主要依據食材特性來安排。另外，一個簡單的原則就是，只要是有肉絲的菜，一律先炒肉絲，讓油充滿肉的鮮味，能讓後續拌炒的食材更加美味。

3 起鍋醋

起鍋醋又稱鍋邊醋，是在起鍋前，沿著已經用大火燒熱的鍋邊，淋上一圈醋，目的是為了取醋的香氣，而非酸味。

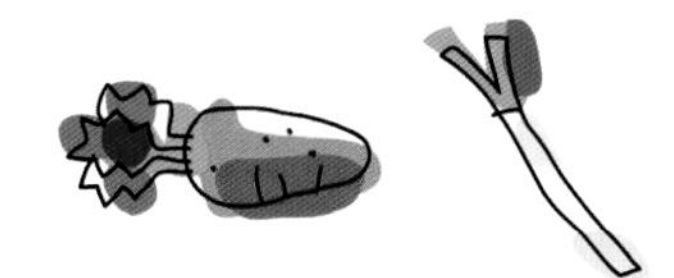

開始料理

材料：

大白菜 600 公克、肉絲 120 公克、香菇 3 朵、木耳 1/2 杯、胡蘿蔔絲 1/2 杯、蔥 2 支、香菜段 1/2 杯。

調味料：

醬油 1 又 1/2 大匙、鹽 1/3 茶匙、醋 1/2 大匙、麻油 1/2 茶匙。

做法：

1. 大白菜切絲，香菇泡軟切絲，木耳切絲，蔥也切斜絲。
2. 起油鍋炒散肉絲盛出，再放入香菇絲、白菜絲、胡蘿蔔絲和木耳絲，炒至回軟。加入醬油和鹽調味，大火拌炒，放回肉絲、撒下蔥絲和香菜絲拌炒均勻，淋下起鍋醋和麻油即可裝盤。

炒炒肉的中的香菇，不論是台灣埔里菇或是豪華一點的花菇，都很適合。

料理課外活動

味噌肉絲

材料：

肉絲 150 公克、茭白筍 2 支、乾木耳 1 小撮、蔥 1 支。

調味料：

（1）醬油 1 茶匙、水 1 ～ 2 大匙、太白粉 1 茶匙。

（2）味噌 2 茶匙、水 4 大匙、味醂 1/2 大匙、麻油數滴。

做法：

1. 肉絲先用調味料（1）拌勻，醃 20 分鐘。
2. 茭白筍切絲；乾木耳泡漲開，摘去硬蒂頭，切成絲；蔥切段。
3. 味噌、水和味醂先調勻備用。
4. 鍋中加熱 4 ～ 5 大匙的油，放下肉絲炒散開、炒熟，盛出。
5. 僅用 1 大匙油爆香蔥段，放下茭白筍和木耳一起炒，淋下味噌醬汁，以中小火炒至茭白筍微微變軟（太乾時可以酌量加水）。
6. 加入肉絲，改大火炒勻，滴下麻油即可。

香根牛肉絲

材料：

嫩牛肉150公克、豆腐乾7～8片、香菜4～5支、蔥絲1大匙、紅辣椒絲少許。

調味料：

（1）醬油1/2大匙、水2大匙、太白粉1/2大匙。

（2）醬油2茶匙、鹽1/4茶匙、麻油數滴。

做法：

1. 牛肉逆紋切成細絲，用調味料（1）拌勻醃30分鐘。
2. 豆腐乾先橫著片成3片，再切成細絲，用滾水燙10～15秒鐘，撈出、瀝乾水分。
3. 香菜取梗部，切成2公分段。
4. 牛肉用約1/2杯油快速過油，撈出。油倒出，僅留1大匙爆香蔥絲，放下豆乾絲、辣椒絲和醬油、鹽和水3大匙，快火炒勻，加入牛肉絲和香菜梗再快炒兩三下，滴少許麻油即可關火盛出。

世界知名的經典川味

麻婆豆腐

課前預習

重點1 麻婆豆腐的重要味覺元素

麻婆豆腐為中外知名的經典中國菜，「麻、辣、燙、鹹」是重要元素，雖然做法簡單、材料便宜，要做得好卻不容易。

重點2 麻婆豆腐的由來

麻婆豆腐的「麻」，指的是花椒的麻香，也用來稱呼麻子臉。清朝寡婦陳劉氏，臉上有麻點，人稱陳麻婆，她燒的豆腐非常受歡迎，被稱為「陳麻婆豆腐」。

重點3 汆燙過的豆腐，更滑嫩

板豆腐要滑嫩好吃，要先汆燙約 1 分鐘，除了去除殘留的石膏滷之外，也可以讓後續烹煮過程中，不易出水。

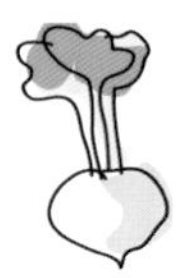

認識食材

1 板豆腐：

為了口感的滑嫩，要先將豆腐的外皮去掉，板豆腐的特色，可參考第十八堂課「湘江豆腐」（第3集，P.142）。

學習重點

1 用鏟背推動豆腐

豆腐下鍋後，用鏟子的背面推豆腐，使豆腐均勻地泡在湯汁裡。用正面撥動的話，鏟子兩邊的尖處和鏟邊容易弄碎豆腐。勾芡也是一樣，太白粉水從鏟背淋下，再將鏟子往前輕推，將芡汁推進湯汁裡。

2 保持豆腐完整性

麻婆豆腐這道菜最重要的就是要讓豆腐保持完整，除了烹煮過程中，用鏟背推動之外，要上桌前，也盡量不要使用鏟子，最好將鍋子拿起，直接倒入盤中。

開始料理

材料：

嫩豆腐 4 方塊、豬絞肉 100 公克、大蒜末 1/2 大匙、蔥花 1 大匙。

調味料：

辣豆瓣醬 1 又 1/2 大匙、醬油 1 大匙、鹽 1/4 茶匙、糖 1/2 茶匙、清湯或水 1 又 1/2 杯、太白粉水適量、麻油 1/2 茶匙、花椒粉 1 茶匙。

做法：

1. 豆腐切除硬邊後切成小四方丁，放入滾水中汆燙 1 分鐘，撈出、瀝乾水分。
2. 用 3 大匙油炒熟絞肉，再加入大蒜屑和辣豆瓣醬炒香，繼續加入醬油、鹽和糖，放入豆腐，輕輕加以拌合，注入清湯，煮滾後，以小火燜煮 3 分鐘。
3. 用太白粉水勾薄芡，撒下蔥花、麻油和花椒粉，輕輕推勻便可盛盤上桌。

上桌前可以再撒上花椒粉，讓這道麻辣口味的菜，看起來更香辣過癮。

料理課外活動

麻婆水蛋

材料：

雞蛋 4 個、冷高湯 2 杯、絞肉 2 大匙、大蒜末 1/2 大匙、蔥花 1 大匙。

調味料：

辣豆瓣醬 1/2 大匙、醬油 1 茶匙、鹽 1/4 茶匙、糖 1/4 茶匙、清湯或水 2/3 杯、太白粉水適量、麻油數滴、花椒粉 1/2 茶匙。

做法：

1. 蛋加鹽 1/2 茶匙打散，再加高湯攪勻，過濾到深盤中，蓋上鋁箔紙或保鮮膜。
2. 將蛋汁先以大火蒸 3 分鐘後，改小火蒸至熟。
3. 用 1 大匙油炒熟絞肉，再加入大蒜末和辣豆瓣醬炒香，繼續加入醬油、鹽和糖，並注入清湯煮滾。
4. 用太白粉水勾薄芡，撒下蔥花、麻油和花椒粉，輕輕淋在蒸好的蛋上。

麻辣豆魚

材料：
綠豆芽 450 公克、豆腐衣 2 張、炒香白芝麻 1/2 大匙。

調味料：
芝麻醬 1 大匙、甜醬油 1 又 1/2 大匙、水 2 ～ 3 大匙、麻油 1/2 大匙、醋 1 茶匙、蔥末 1 茶匙、花椒粉 1/2 茶匙、紅油 1/2 大匙。

做法：
1. 煮滾一鍋開水，水中加鹽 1 茶匙，放入豆芽燙煮至脫生、約 20 ～ 30 秒鐘，撈出沖冷開水至涼，擠乾水分。
2. 豆腐衣修裁成長方形，每張中包入 1/2 量的綠豆芽，捲成長條，接縫口朝下放。兩條都做好。
3. 鍋中加入油 3 大匙，放下豆魚捲，煎至豆腐衣略焦黃，取出切成段，淋下調好的調味料。

江浙河鮮必學經典

紅燒肚腩

課前預習

重點1 走趟傳統市場

要做這道菜，建議走趟傳統市場，買現殺的草魚，肉質非常Q嫩，新鮮好吃。家中人比較少的話，就買小段一點，再請魚販將魚肉剖成兩半，去除魚大骨，把魚肚內黑色的皮膜刮掉，減少腥味。

重點2 廚房剪刀是好幫手

由於草魚腹部的魚骨較硬，用菜刀硬切，刀鋒易損傷產生缺口，可以先用菜刀切出開口，剩下的就用剪刀，既能輕鬆的將魚肉剪開，也可以保護刀具。

重點3 準備潤鍋來煎魚

因為淡水魚的魚皮膠質較多，在煎的過程中容易黏鍋，因此在做這道菜之前，記得先準備將鍋先潤一下油，使鍋子不易沾黏。

認識食材

1 肚艡：

肚艡指的是草魚的中段。江浙人對於魚的各部位稱呼非常講究。草魚頭部稱作「下巴」，尾巴切成片狀烹調，叫做「划水」，中段則稱「肚艡」。

學習重點

1 不必將魚翻面

做這道紅燒肚當，魚肉面朝下，用大火煎，過程中不必翻面，記得將鍋子晃動一下讓油均勻的煎到魚肉。因為不能將魚翻面，勾芡時，就用搖鍋的方式來讓芡汁滾動。起鍋時，也是直接將魚肉滑入盤中即可。

2 用中小火紅燒

放好調味料之後，蓋上鍋蓋燒時，記得使用中小火，因為淡水魚用大火燒，魚肉會縮小且裂開。

開始料理

材料：

草魚中段 1 段（約 500 公克）、薑片 6 片、青蒜絲 2 大匙。

調味料：

酒 1 大匙、醬油 2 大匙、老抽醬油 1/3 茶匙、醋 1 又 1/2 大匙、鹽 1/8 茶匙、冰糖 1 大匙、水 1 杯、太白粉水 2 茶匙。

做法：

1. 買大約 10～12 公分長的草魚中段一段，剖開成兩片，帶有大骨的一半要剔除大骨，只用魚肉。
2. 由背部下刀，每隔 2 公分切一刀，約切 4 刀成 5 條、但腹部仍相連。將每片略為分開一點，成扇子形。
3. 鍋子先燒熱，放下油 4 大匙，油熱後先下薑片煎香，再放下肚艡（先沾一下太白粉水），淋酒等調味料及水，煮滾後立即改小火，煮約 6 ～ 7 分鐘至魚熟。
4. 用適量太白粉水勾薄芡，小心移入盤中，撒下青蒜絲。

這道菜也很適合用青魚來做，如果在市場上看到青魚，也可以買回家試做看看。

料理課外活動

小黃魚燒豆腐

材料：
小黃魚3條、豆腐1塊、薑片2片、蔥2支、大蒜粒6粒。

調味料：
酒1大匙、醬油2大匙、糖1/2茶匙、水2杯、胡椒粉少許。

做法：

1. 小黃魚洗淨、擦乾，拍上一點點的麵粉。
2. 豆腐切厚片；大蒜小的整粒用，大的切半；蔥切段。
3. 用3大匙熱油把黃魚兩面煎黃，盛出魚或推到鍋邊。
4. 放入大蒜和薑片煎香，再放入蔥段，一起炒香。
5. 加入調味料，放入小黃魚和豆腐，先以大火煮滾，立刻改為小火，燒約15分鐘至入味即可。

辣豆瓣魚

材料：

活鯉魚 1 條或新鮮魚亦可、薑屑 1 大匙、大蒜屑 1 大匙、蔥屑 1 大匙、豆腐 1 塊。

調味料：

辣豆瓣醬 2 大匙、酒釀 2 大匙、酒 1 大匙、醬油 1 大匙、鹽 1/2 茶匙、糖 2 茶匙、水 2 杯、太白粉水少許、鎮江醋 1/2 大匙、麻油 1 茶匙。

做法：

1. 魚打理乾淨後，可在魚身上斜切 2 ～ 3 條刀紋，擦乾水分。
2. 鍋中燒熱油 4 大匙，將魚下鍋稍微將兩面煎一下，盛出，放入薑、蒜末爆香，再放入辣豆瓣醬和酒釀同炒，淋下酒、醬油、鹽、糖、水一起煮滾，放入魚和豆腐同煮約 10 分鐘。
3. 見汁已剩一半時，將魚盛出，湯汁勾芡，淋下醋和麻油，撒下蔥花，把豆腐和汁一起淋在魚身上。

經典必學焗烤代表

蝦仁焗烤飯

課前預習

重點1 蛋炒飯鋪底更受歡迎

比起單純用白飯，可以用蛋炒飯鋪底，可以讓挑食的孩子，把飯吃完。也能讓整道菜，裡裡外外都有好滋味。

重點2 炒飯不一定要用冷飯

其實炒飯要好吃的重點，並不在於使用的是冷飯或熱飯。使用熱飯，因為水蒸氣較多，飯粒之間較黏，因此要用大火炒，反過來使用冷飯的話，就要用中小火，才能把飯粒均勻地炒熱、炒透。最重要的是，要用來做炒飯的米飯，煮的時候水要加少一點，讓飯粒硬爽一點，如果能買沒有黏性的長米來煮，炒出來的飯，粒粒分明的效果會更好。

重點3 起司需要冷凍保存

起司含有水分，買回家後，如果只是放在冷藏，還是會發霉的。因此建議，分成小包，冷凍保存。

認識食材

1 洋菇：

之前提到過，菇類不能泡水，因此快速清洗過後，要立刻用紙巾包起來，避免洋菇吸水。在採買時，如果洋菇上有皮屑或是毛毛的感覺，表示洋菇是新鮮的，而且沒有泡過水的。因為部分商人為了讓洋菇看起來更白，會泡漂白水，所以其實看起來有點黃黃的洋菇，反而是讓人比較安心的。

學習重點

1 炒麵糊的重點

炒麵糊時，不建議新手一開始就使用奶油，因為奶油比較容易焦，但可以在炒好麵糊時的調味階段，加一點奶油增加香氣。等油和麵粉炒勻之後，再加入冷高湯或冷水，千萬不能加熱高湯，因為會讓麵粉變成疙瘩，就做不成麵糊了。習慣使用鏟子的人，就邊炒、邊壓、邊攪，也可以使用打蛋器，會更有效率。

2 炒青菜的小秘訣

青菜分成軟性蔬菜和硬性蔬菜兩種，軟性的像豆苗、空心菜、菠菜等；硬性的有花椰菜、芥菜、芥藍菜等等。要炒軟性的蔬菜，只要加點水，產生足夠的熱氣，就能炒軟。至於硬性蔬菜，要先汆燙 1 分半鐘，讓菜的熟度一致後再炒，直接炒容易有生熟不一的情形，喜歡脆一點口感，炒約 1 分鐘即可，喜歡軟一點的，就加水燜軟一點，約 2 分鐘。

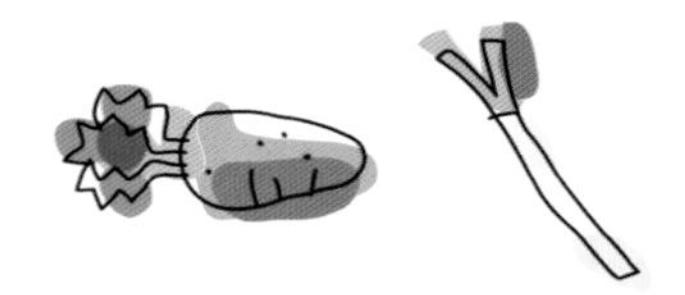

開始料理

材料：

蝦仁 120 公克、洋菇 6 粒、洋蔥 1/4 個、綠花椰 1/2 顆、白飯 4 碗、蛋 2 個、蔥花適量、起司絲適量。

調味料：

油 3 大匙、麵粉 3 大匙、清湯 2 杯、奶油少許、鮮奶油 3 大匙或鮮奶 1/4 杯、鹽。

醃蝦料：

鹽、胡椒粉各少許。

做法：

1. 蝦仁洗淨擦乾後，用醃蝦料拌醃 10 ～ 15 分鐘。
2. 蛋打散，放入白飯炒透，加入少許鹽調味，撒下蔥花拌勻。放入烤碗中。
3. 蝦仁過油炒至熟，盛出。用餘油炒香洋蔥和洋菇，盛出，適量加入 2 大匙油來炒麵粉，炒至微黃時，再加清湯攪勻，加鹽調味並拌入奶油、鮮奶油，放入蝦仁。
4. 將蝦仁奶油糊澆在炒飯上，再撒上起司絲，放入預熱至 220℃～ 240℃的烤箱中，烤至表面呈金黃色即可取出，在取出的前 3 分鐘，將綠花椰菜排在邊上同烤。

這道菜如果要當作宴客使用，可以將蝦子剖背，蝦仁炒過之後，會彎曲的更漂亮。

料理課外活動

咖哩熱狗焗烤飯

材料：

熱狗 1 條、白花椰菜 4 ～ 5 朵、磨菇濃湯 1/2 罐、白飯 1 又 1/2 碗、Parmesan 起司粉。

調味料：

咖哩粉 1 大匙、鹽少許。

做法：

1. 粗的熱狗可以先對剖再切段，細的就直接切段；白花椰菜洗淨、用熱水燙一下，瀝乾。
2. 小鍋中把 1/2 罐的濃湯和 1 杯水先攪勻，開火煮滾。
3. 加入咖哩粉再攪勻，成濃稠的糊狀、放下熱狗和白花椰菜拌勻，如有需要，可加少許鹽調味。
4. 白飯放在烤碗中，淋下咖哩熱狗，撒上 Parmesan 起司粉，放入已預熱至 220℃的烤箱中烤 10 分鐘。

香料焗烤豆腐

材料：

豆腐 1 塊、餃子皮 150 公克、巴西利適量（或其它乾燥香草）、起司絲 1 杯。

奶黃醬：

奶油 1 大匙、橄欖油 2 大匙、麵粉 3 大匙、高湯 2 杯、鹽適量、糖 1/3 茶匙、蛋黃 1 個。

做法：

1. 豆腐切成厚片狀後，均勻地撒上少許鹽，再入鍋用適量熱油煎黃。
2. 餃子皮用滾水煮成 8 分熟，撈起後用冷水沖涼。
3. 奶油和橄欖油入鍋溶化後，加入麵粉炒成微黃，注入 2 杯高湯，迅速攪拌均勻成糊狀，再加入鹽、糖調味，煮滾後熄火，最後加入蛋黃攪拌勻即為奶黃醬。
4. 取一個烤盆，舖下豆腐和餃子皮，可排成梯狀，即 1 片豆腐和 1 片對折的餃子皮重疊，再淋下奶黃醬料，並撒下起司絲和切碎的巴西利，放入已預熱 200℃的烤箱內，烤約 15 分鐘左右，至乳酪呈金黃色便可。

第二十二堂課

泰式咖哩蝦

水煮牛肉

四寶素鵝

蘿蔔絲淋餅

南洋名菜家中做

泰式咖哩蝦

課前預習

重點1 蝦子的事先處理

草蝦先用剪刀將眼睛之前的部分以及鬚腳剪掉，因為這個地方含有水分，在下鍋後會爆鍋，先剪去就可以降低爆鍋的機會。

重點2 泰式風味調味料

這道泰式咖哩蝦，用到了許多泰式的調味料，包括蠔油、椰漿、魚露與黃咖哩粉，記得事先準備或確認好。

認識食材

1 椰漿：

泰式咖哩的椰漿是主角之一，通常不會一次用掉一整罐的椰漿，因此。打開椰漿罐頭時，記得攪拌一下，讓椰油和椰漿充分混合再使用，讓每次使用的椰漿都能擁有完整的味道。

學習重點

1 蝦子剖背的小訣竅

如果家裡刀子沒那麼利，或是沒把握用刀子可以切好，可以先用剪刀將蝦殼剪開，再用刀子切開蝦背，就可以輕鬆的剖背以及取腸沙了。

2 蛋汁加紅油或沙拉油

為了增加辣度，在蛋汁裡加入紅油，不吃辣的人可以改放沙拉油。有油分在的蛋汁，能夠避免淋下蛋汁時會黏鍋。若不想將油加進蛋汁，也可以在蛋汁下鍋前，先在鍋邊淋下沙拉油，也有同樣的效果。

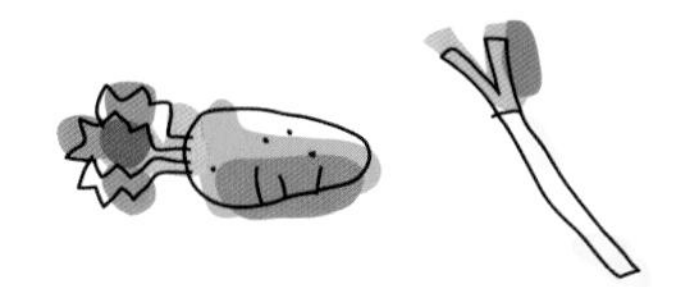

開始料理

材料：

草蝦或大型白沙蝦 10 支、芹菜 2 支（切段）、洋蔥 1/4 個（切絲）、大紅辣椒半條（切片）、韭菜 2 支（切段）、奶油 1 大匙、蛋 3 顆。

調味料：

泰式蠔油 1 大匙、味露（泰式魚露）1 茶匙、糖 1 茶匙、咖哩粉 1 茶匙、高湯 1 杯、奶水 2 大匙、椰漿 1/2 罐、紅油 1 茶匙。

做法：

1. 蝦子修剪掉頭鬚，抽除腸沙，剖開背部。
2. 芹菜和韭菜分別切成約 4 ～ 5 公分的長段；洋蔥切絲；紅辣椒切片。
3. 紅油和蛋一起打均勻，備用。
4. 炒鍋中熱油，放下蝦子煎熟，盛出，再用少許的油將芹菜、洋蔥絲、大紅辣椒片、韭菜段和奶油以小火爆香。
5. 加入蠔油、味露、糖、咖哩粉炒香，加入椰漿、奶水和高湯煮滾，再放入蝦子，小火輕輕拌炒，煮約半分鐘，沿鍋邊加入拌勻的蛋汁，待蛋汁凝固至熟即可盛出。

泰式咖哩蝦不論是配飯、沾著麵包吃，都很適合。

料理課外活動

咖哩洋蔥霜降豬肉

材料：

霜降豬肉 150 公克、洋蔥 1 個、大蒜 1 粒、紅辣椒 1 支。

調味料：

（1）鹽 1/4 茶匙、白胡椒粉少許、水 1 大匙。

（2）咖哩粉 1 大匙、鹽 1/3 茶匙、糖 1/4 茶匙。

做法：

1. 豬肉切成片，用調味料（1）抓勻，醃 10 分鐘。
2. 洋蔥切成粗條；大蒜拍碎；紅辣椒去籽、切絲。
3. 鍋中用 2 大匙油來炒洋蔥絲和大蒜末，以中小火把洋蔥炒至微黃有香氣，盛出。
4. 另用 2 大匙油把豬肉炒至變色，放入咖哩粉炒香，放回洋蔥絲和紅辣椒，再加入 1/3 杯的水，以鹽和糖調味，大火炒均勻即可。

泰式椰汁牛肉

材料：

嫩牛肉 200 公克、大紅辣椒 1 支、檸檬葉 3 片。

調味料：

（1）醬油 1/2 大匙、糖 1/4 大匙、麻油少許、小蘇打 1/6 茶匙、水 2 大匙。

（2）椰漿 1/3 罐、紅咖哩醬 1 茶匙、糖 1/2 茶匙、魚露 1 茶匙。

做法：

1. 牛肉逆紋切成片，用調味料（1）拌勻，先醃約 30 分鐘。
2. 紅辣椒斜切成片；檸檬葉切成粗絲。
3. 紅咖哩用約 1 大匙油先炒至香，加入椰汁、糖和魚露，用小火煮滾。
4. 煮滾後，加入牛肉片、大辣椒片和檸檬葉，繼續用小火煮約 1 分鐘即可。

受歡迎的川菜明星

水煮牛肉

課前預習

重點 1 水煮牛肉的最佳配料

水煮牛肉會使用到的兩項蔬菜配料是黃豆芽和芹菜。黃豆芽吃來爽脆，芹菜則是提供了一股特殊的香氣。不建議大家使用綠豆芽，因為綠豆芽的纖維較嫩，煮過之後會太軟爛，失去口感。不是芹菜的產季時芹菜會較老，可以將芹菜切短一點。

重點 2 8 分熱油溫的判斷

油溫是許多菜餚的關鍵，這道水煮牛肉，就需要判斷 8 分熱的油溫。8 分熱的約是攝式 160 度，測試方法也很簡單，只要用濕筷子放入油中，筷子周圍立刻產生密集且明顯的泡泡，且有啪啦啪啦的聲音，就是 8 分熱的油。

重點 3 自己泡製花椒油

自己做花椒油，其實不難。將花椒粒打成粉狀，用篩網過濾成花椒粉和花椒殼。把花椒殼放在瓶子中，再加入食用油，如葵花油或沙拉油等等，泡約 1 個月就可以了。市售現成的花椒油（寶川公司）也很香且方便。

認識食材

1 沙朗牛肉：

沙朗，就是大裡脊的部分，記得要逆紋切，比較有口感。加點小蘇打可以讓牛肉更滑嫩，如果不想使用小蘇打，就要買菲力，才能有同樣的口感。

學習重點

1 炒料順序

因為黃豆芽的豆生味較重、莖部水分多，需要多一點時間拌炒，可以挑一根吃看看，是否還有生豆味，等到沒有生味了，就可以加入芹菜，一起拌炒。

2 不鏽鋼鍋的使用方法

和有塗層的鍋不同，要讓食物不會黏在不鏽鋼鍋內，必須先將鍋子燒得很熱，再放油，如此一來就可以讓利用熱氣和油，隔絕食物和鍋子，就能夠不沾黏。

3 淋油訣竅

最後淋上的熱油，記得從辣椒粉的上方淋下，能讓辣椒粉產生香氣，更加美味。

開始料理

材料：

沙朗牛肉 250 公克、芹菜 4 支、黃豆芽 120 公克、大蒜片 15 片、蔥 2 支。

調味料：

（1）太白粉 1 大匙、小蘇打粉 1/4 茶匙、水 2 ～ 3 大匙、麻油 1/2 大匙。

（2）辣豆瓣醬 2 大匙、酒 1 大匙、高湯 2 杯、花椒油 1 大匙、太白粉水適量。

（3）辣椒粉 1/2 大匙、熱油 3 大匙。

做法：

1. 牛肉切片後用調味料（1）拌勻，醃半小時以上。
2. 芹菜洗淨，連部分葉子切成段。
3. 用油炒黃豆芽和蔥段，見黃豆芽略軟，加芹菜同炒，盛放在碗中。牛肉過油，約 9 分熟時撈出，放在豆芽上。
4. 用約 2 大匙油爆香大蒜片，下辣椒醬炒開，淋酒和高湯，煮滾加花椒油，勾芡後倒入碗中（約七分滿）撒下辣椒粉，淋下燒熱的熱油，上桌後拌勻。

牛肉還會後熟，加上還會淋上熱湯和熱油，所以 9 分熟就可以了，但是如果擔心自己炒的牛肉不夠熟，也可以直接炒到全熟。

料理課外活動

水煮肉片

材料：
火鍋豬肉片150公克、芹菜3支、黃豆芽100公克、大蒜片15片、蔥2支。

調味料：
（1）太白粉1茶匙、醬油1/2大匙、水1～2大匙、糖1/4茶匙。
（2）辣豆瓣醬2大匙、酒1大匙、清湯2杯、花椒油1大匙、太白粉水1/2大匙。
（3）辣椒粉1茶匙、熱油2大匙。

做法：
1. 豬肉片用調勻的調味料（1）拌勻，放置10分鐘。
2. 芹菜洗淨，連少許的葉子切成段。
3. 用2大匙油炒黃豆芽和蔥段，見黃豆芽略軟，加芹菜同炒，盛放大碗或深盤中。
4. 用1大匙油爆香蒜片，下辣椒醬炒開，淋酒和高湯煮滾，加花椒油，放下肉片汆燙至熟。
5. 勾芡後倒入碗中（約7～8滿），撒上辣椒粉，淋下燒熱的熱油，上桌後拌勻。

水煮魚

材料：

草魚中段 600 公克、綠豆芽 100 公克、花椒粒 1 茶匙、乾辣椒 1 杯、蔥 2 支、薑 2 片。

調味料：

（1）鹽 1/3 茶匙、太白粉 1/2 大匙、水 2 大匙、蛋白 1 大匙。

（2）鹽適量。

做法：

1. 草魚去皮、去骨，切成長方形的片，魚肉中有小刺時，要用夾子拔出，要完全沒有刺。
2. 魚肉先拌上 1 茶匙鹽和 1/2 杯水，抓洗至黏液出來，沖洗乾淨，再拌上調味料（1），醃 20 分鐘。
3. 魚皮和魚骨燙一下水馬上撈出，再加蔥、薑、酒和水，熬煮半小時成魚高湯，過濾掉魚刺，用鹽調味。
4. 燒開 5 杯水，把豆芽先汆燙過，撈出放入碗中，再將魚片燙至 9 分熟，撈出放在豆芽上，加入魚高湯（魚湯的量僅到魚片即可），再將花椒粒和乾辣椒放上。
5. 鍋中燒熱 1 杯油，馬上淋入大碗中，盡快上桌。

聞名素菜自己做

四寶素鵝

課前預習

重點1 四寶素鵝小故事

四寶素鵝是道前菜，是許多江浙菜館裡常見的菜色，但是在上海則稱之為四寶素鴨，台灣則是比較常稱作四寶素鵝。包裹的豆腐衣就相當是鵝的外皮，內餡就代表是鵝肉了。

重點2 內餡配料可隨意搭配

這道素菜的配料，其實可以很隨意。我曾經在一個江浙館子吃到內餡用了青江菜的四寶素鵝，切開來有著綠色蔬菜點綴，非常好看。所以，練習過這道菜後，你可以試著嘗試創造屬於你自己的內餡組合，只要各種食材的份量都很平均就可以了。

重點3 磨練切絲刀工

這道菜所有的內餡食材都需要切成細絲，是練習刀工的最佳選擇，只要做個兩、三次，刀工就會有長足的進步了。

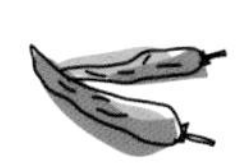

認識食材

1 榨菜：

榨菜是做素菜時很好用的食材，尤其是鹹鮮的味道，可讓菜餚加分。榨菜的注意事項，可參考第四堂課「乾煸四季豆」（第一集，P.96）。

2 豆腐衣：

豆腐衣可以單張購買，製作兩份素鵝需要 6 張的豆腐衣，你可以視自己需要的數量購買。希望大家還沒忘記豆腐衣的保存重點，可參考第十三堂課「豆腐響鈴」（第三集，P.18）。

學習重點

1 勾芡讓餡料有黏性

勾芡的目的是為了方便包捲，勾了芡後餡料會產生黏性，煎過切片時，就比較不會掉出來。

2 包素鵝的小技巧

每個素鵝需要三張豆腐衣，每張豆腐衣都沾上一點調味料，並且方向相對的疊上，再放上豆腐包，增加餡料的分量，最後均勻地舖上餡料，先從底部折起來，再將兩邊的豆腐衣折進來，再繼續包捲，壓出空氣，接口朝下，放入抹好油的盤子中，就可以蒸了。

  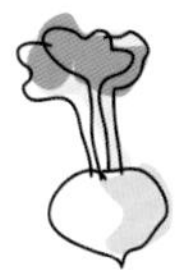 

開始料理

材料：

新鮮豆包 3 片、豆腐衣 6 張、筍絲 1/4 杯、香菇絲 2 大匙、金菇段 1/2 杯、胡蘿蔔絲 1/4 杯、榨菜絲 1 大匙。

調味料：

醬油 2 大匙、糖 2 茶匙、清湯或水 2/3 杯、麻油 1/2 大匙。

做法：

1. 小碗中先把調味料調好。
2. 用 2 大匙油炒香香菇，再放入其它絲料炒勻，淋下約 4 ～ 5 大匙調味料，炒煮至湯汁收乾（可略勾薄芡），盛出放涼。
3. 豆腐衣 3 張相對放好，每張中間塗上一些調味料汁。再將一片半的新鮮豆包打開，鋪放在豆腐衣上，再塗上一些調味汁。
4. 放上一半量的香菇料，整型成約 6 ～ 7 公分寬，把兩邊先折進來，再折疊成長方形，封口朝下，放在抹了油的盤子上，做好兩份。
5. 把素鵝放入蒸鍋，中火蒸約 10 分鐘，取出放涼。
6. 鍋中放 2 大匙油，把素鵝表面以中火略煎黃一點，取出待稍涼，切成寬條上桌。

蒸好的素鵝，可以先放在冰箱裡，要吃多少再煎多少喔！

料理課外活動

肉醬豆腐捲

材料：
嫩豆腐 2 方塊、肉醬 2 大匙、香菜 2 支、豆腐衣 2 張、麵粉糊少許。

調味料：
鹽少許、太白粉 2 茶匙。

做法：
1. 豆腐修掉老硬的外皮，壓碎成小粒，吸乾一些水分，拌上肉醬和調味料。
2. 豆腐衣每張切成 4 小張，包入約 1 大匙的豆腐餡料，包捲成小春捲型，封口處以麵粉糊黏住。
3. 炸油燒至 7 分熱，放下豆腐捲，以小火炸至酥脆，撈出、瀝淨油，排盤。

腐皮珍珠丸子

材料：

豬絞肉 300 公克、蝦米 1 大匙、蔥 1 支、長糯米 1 杯半、豆腐衣 2 張或新鮮豆包 1 個、太白粉 1 大匙。

調味料：

水 2 大匙、醬油 1 又 1/2 大匙、鹽 1/4 茶匙、酒 1/2 大匙、蛋 1 個、太白粉 1 大匙、麻油 1 茶匙、胡椒粉 1/6 茶匙。

做法：

1. 絞肉再剁過，至有黏性時，放入大碗中。蝦米泡軟、摘好，切碎後加入絞肉中。蔥切成碎末也放入大碗中。
2. 絞肉中依序加入調味料，順同一方向邊加邊攪，使肉料產生黏性與彈性。放入冰箱中冰 30 分鐘。
3. 糯米洗淨，泡水 30 分鐘，瀝乾並擦乾水分，拌上太白粉，鋪放在大盤上。
4. 絞肉做成丸子形，放在糯米上，滾動丸子，使丸子沾滿糯米。
5. 豆腐衣撕成碎片，拌少許水、醬油和麻油，鋪放在盤中，上面放丸子。電鍋中加入 1 又 1/2 杯水，放入丸子，視丸子大小，蒸約 20～25 分鐘，熟後取出。（如用新鮮豆包，可先切成條，拌上味道，鋪在盤中。）

軟嫩可口的北方主食

蘿蔔絲淋餅

課前預習

重點1 淋餅是什麼

淋餅的餅皮有點類似法國的可麗餅，因為是用麵糊，加上淋的動作所做出來的，因此叫做淋餅。

重點2 可隨季節變換內餡

今天示範的蘿蔔絲淋餅，如果是在夏天，非蘿蔔產季，比較不甜，也可以選擇用胡瓜來做，也非常爽口好吃。

重點3 蝦米或蝦皮都可以

除了蝦米，用蝦皮也可以。蝦米和蝦皮都是北方人很常用的食材，兩者的差異在於，蝦米鮮味比較足，可以視家人的喜好來選擇。

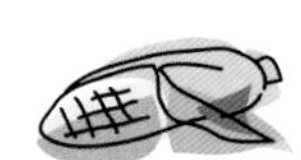

認識食材

1 白蘿蔔：

方便取得的白蘿蔔，在切絲的時候要留意，不要切得太細，因為蘿蔔烹煮後會出水變軟。非蘿蔔產季時，可以將蘿蔔燙一下水，去掉辛辣味道。

學習重點

1 蛋麵糊的水與麵粉的加入順序

調製蛋麵糊，最要留意的地方便是，不能先加水再加麵粉，水多麵粉少的狀態，就會讓麵粉變成疙瘩，會比較不容易攪勻。等到麵粉和蛋汁調成糊狀後，再加水慢慢攪散就好了。記得要朝同一個方向攪動。萬一真的有了疙瘩，取個小篩網，過篩一下也就可以了。

2 太白粉水的妙用

在麵糊裡加入太白粉水，可以讓餅皮較有張力，不容易破。另外，太白粉一定要先和水調勻之後再加入麵糊，直接將太白粉加入麵糊中的話，是不容易融化的，反而會產生顆粒。

3 如何做出漂亮的餅皮

用圓杓在鍋內淋下麵糊，轉動鍋子讓麵糊在外圈跑，厚度才會均勻且又圓又大。等到麵糊不會流動時，轉中火烘 40 秒左右，當看到餅皮顏色變淺、最外邊的皮變乾翹起，且搖動鍋子，餅皮會跟著搖動就表是完成了。記得每張餅在淋之前，都要攪動一下麵糊，鍋面也都要塗油。

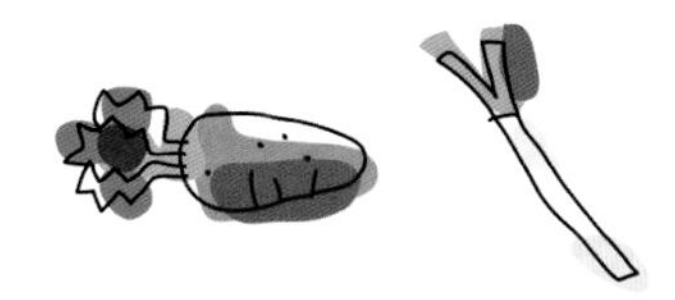

開始料理

材料：

白蘿蔔 1 條（500 公克）、絞肉 150 公克、蝦米 2 大匙、香菇 2 朵、蔥花 1 大匙、粉絲 1 把。

麵糊料：

蛋 1 個、麵粉 2 杯、鹽 1/3 茶匙、太白粉 1 大匙、水 3 杯左右。

調味料：

醬油 1 大匙、鹽 1/4 茶匙、水 1 杯、胡椒粉少許、麻油數滴。

做法：

1. 白蘿蔔削皮、切成粗條；香菇用水泡軟後切絲；粉絲泡軟、剪短一點；蝦米泡一下、略切。
2. 起油鍋，用 2 大匙油先炒香絞肉、蝦米和香菇，再加入蔥花和蘿蔔絲繼續拌炒。
3. 加醬油和鹽再炒一下，加入水，蓋上鍋蓋，燒煮至白蘿蔔絲變軟。
4. 加入粉絲，再煮一會兒，至粉絲已透明、變軟，撒下胡椒粉、滴下麻油。再加以拌合即可關火、待涼。
5. 麵糊料調好，在熱鍋中塗少許油，倒下麵糊料做成麵皮，包入蘿蔔絲餡料，捲好後再煎至略有焦痕。

這道菜可以先炒好、包好，要吃的時候再下鍋煎，當成孩子的早餐也很適合。

料理課外活動

蝦仁雞肉淋餅

材料：

雞胸肉 200 公克、鮮蝦 300 公克、香菇 3 朵、高麗菜 300 公克。

調味料：

（1）鹽 1/6 茶匙、水 2 茶匙、蛋白少許、太白粉 2 茶匙。
（2）鹽少許、太白粉少許。
（3）鹽 1/4 茶匙、胡椒粉少許、麻油少許。

做法：

1. 雞胸肉切絲，拌上調味料（1），醃 20 分鐘以上。
2. 將蝦仁剝殼，切成丁狀，加入調味料（2），拌醃 20 分鐘以上。
3. 香菇泡軟、切成絲；高麗菜洗淨、切絲。
4. 起油鍋用 2 大匙油炒香香菇和雞絲，熟後盛出或推到鍋邊，在放下蝦仁丁炒熟，熟後盛出。
5. 用餘油炒軟高麗菜絲，加入調味料（3）和 1/4 杯水，略煮 1 分鐘，加入雞絲、香菇和蝦仁，拌炒均勻，用適量的太白粉水勾芡，關火、盛出，放涼，做成蝦仁雞絲餡料。
6. 淋餅包成、煎好即可。（淋餅做法參考蘿蔔絲淋餅）

韭香鍋餅

材料：
肉絲 100 公克、香菇 3 朵、韭黃 120 公克。

蛋麵糊：
蛋 1 個、麵粉 1 杯、水 1 杯左右、鹽 1/6 茶匙。

調味料：
（1）醬油 1/2 茶匙、水 1/2 大匙、太白粉 1/2 茶匙。
（2）鹽 1/4 茶匙、胡椒粉少許、太白粉水適量。

做法：
1. 肉絲用調味料（1）拌醃 20 分鐘。
2. 香菇泡軟、切成細絲；韭黃摘好，切成 2 公分的短段。
3. 用 2 大匙油炒熟肉絲，盛出。放下香菇炒香，淋下約 4 ～ 5 大匙的泡香菇水和少許醬油，小火煮 3 分鐘把香菇煮透。
4. 放回肉絲，並加鹽和胡椒粉炒勻，略勾芡後關火，拌入韭黃段。
5. 將蛋在大碗內打散，加入麵粉調勻，再將冷水慢慢加進，仔細拌攪成濃度較稀的蛋麵糊，放置 10 分鐘。鍋中塗油少許，倒下蛋麵糊做成蛋餅皮，可做 4 張。
6. 把韭黃肉絲包入蛋餅皮中，用蛋麵糊封口，做成鍋餅。用油把鍋餅煎成金黃色，切寬條裝盤。

第二十三堂課

起司焗明蝦

木耳小炒

浮雲鱈魚羹

木須肉炒餅

體面經濟宴客菜

起司焗明蝦

課前預習

重點 1 煮白煮蛋的小技巧

看似簡單的白煮蛋，也有些小方法的。雞蛋從冰箱取出後，先回溫再放入冷水中煮，水滾後計時 12 分鐘，就會是全熟的蛋了。另外，記得在水中放一點鹽或白醋，可防止蛋白從蛋殼的裂縫溢出。

重點 2 烤箱的溫度

就像之前教過的幾道焗烤菜，烤箱都要先預熱 10 分鐘，烤明蝦用最高溫 240 度烤 10 ~ 12 分鐘。如果，事先做好，等要上桌前再烤熱的話，就用 180 度來烤，約 20 分鐘。

重點 3 準備乾的帕馬森起司

焗烤菜中常用到帕馬森起司（Parmesan Cheese），如果不常做這類菜餚的話，建議買乾的帕馬森起司粉就可以了，以免新鮮的起司保存不易。

認識食材

1 明蝦：

明蝦是珍貴常見的宴客食材，五彩美麗的尾殼是明蝦最大的特徵，做菜時多半會保留蝦尾，讓客人明白主人家宴客的心意。去掉的蝦頭也保留下來，還可以做美味的蝦頭麵。記得抽掉腸沙，如果可以順利抽出，表示明蝦非常新鮮。剝好的明蝦，就不要沖洗攪打，以免鮮味流失。

學習重點

1 切白煮蛋

這道菜需要的白煮蛋，需要蛋白和蛋黃結合在一起，切蛋器切出來的白煮蛋片，會太薄，蛋黃和蛋白很容易分離。只要將刀子抹上一點水，切開白煮蛋的時候，刀子要離開水煮蛋時，輕輕地用刀面將蛋黃抹平，就可以了。

2 明蝦要先煎成全熟

和小型的蝦子一樣，需要熱鍋熱油，怕油爆的人，可以減掉一小段蝦尾的尾尖，可以減少油爆。切記，明蝦一定要炒熟，即便是事先準備，也需要炒熟，否則半生半熟的明蝦，經過烤箱，肉質就會失去彈性，反而變得綿綿的，失去口感。

3 油與麵粉的分量，可視鍋內狀況增減

做焗烤料理炒麵糊時，會希望油比麵粉多，不過你可以隨時看看鍋內的狀況，太乾的就加點油，油太多了就再加點麵粉，多做幾次，就能熟能生巧。

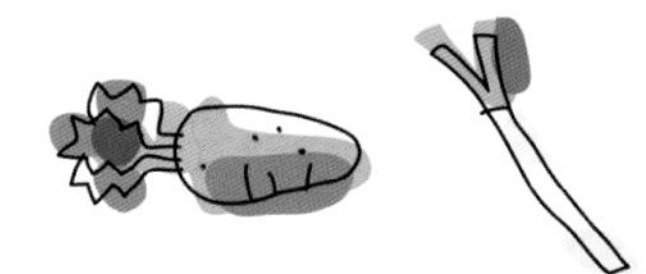

開始料理

材料：

明蝦3～4隻、洋菇6～8粒、蛋4個、奶油1小塊、麵粉4大匙、清湯或水2杯、動物性鮮奶油或奶水1大匙或鮮奶1/4杯、帕馬森起司粉（Parmesan Cheese）1～2大匙、披薩起司絲1～2大匙。

調味料：

鹽、胡椒粉各少許、太白粉適量。

做法：

1. 明蝦剝殼、抽沙腸，切成2或3小塊，撒少許鹽和胡椒粉醃一下。
2. 蛋煮12分鐘成全熟蛋後泡冷水剝殼，再切成片；洋菇也切片。
3. 燒熱4大匙油，放入蝦段炒熟，撈出，加入洋菇炒香，再加入麵粉，小火炒香。
4. 慢慢加入清湯，攪勻成糊狀，加鹽和胡椒粉調味。加入奶油和鮮奶油調勻，關火，拌入明蝦。
5. 烤皿中盛放白煮蛋和明蝦料，撒下帕米森起司粉和披薩起司絲。
6. 烤箱預熱至220℃，放入烤皿，烤至起司融化且呈金黃色。

搭配的白煮蛋喜歡吃的話，可以多放一點，也可以增加菜餚的份量。

料理課外活動

肉醬焗雙蔬

材料：
茄子 1 條、番茄 2 個、絞肉 3 大匙、洋蔥末 2 大匙、美奶滋 1 大匙、起司粉 1 大匙。

調味料：
番茄糊 2 大匙、鹽 1/3 茶匙、糖少許、胡椒粉少許。

做法：
1. 茄子切成半公分厚片，撒上鹽和胡椒粉各少許，30 分鐘後將表面水分吸乾。沾上一層乾麵粉，用熱油煎黃茄子的外層。
2. 番茄切厚片，和茄子一起排在烤盤中。
3. 絞肉和洋蔥末用油炒香，加入番茄糊和水 1/2 杯煮滾，改小火煮至肉醬稍微濃稠時，加鹽、糖和胡椒粉調味。
4. 將肉醬淋在雙蔬上，擠上細細的美乃滋，再撒上起司粉，用預熱至 250℃的烤箱烤黃表面，約 8 ～ 10 分鐘。

起司焗海鮮

材料：

明蝦 2 隻、花枝肉（或新鮮魷魚）150 公克、魚肉 150 公克、蟹腿肉 10 ～ 15 條、洋菇 6 ～ 8 粒、白煮蛋 4 個、奶油 1 大匙、麵粉 4 大匙、清湯或水 3 杯、鮮奶油 1 大匙、Parmeson cheese 起司粉 1 ～ 2 匙、披薩起司絲 1 ～ 2 匙。

調味料：

鹽、胡椒各少許，太白粉適量。

做法：

1. 明蝦剝殼、抽腸沙，視大小切成 2 ～ 3 塊，撒少許鹽和胡椒粉醃一下。
2. 花枝肉先直切幾條刀口，再打斜切成佛手片。沖洗一下、瀝乾，拌上少許太白粉。
3. 魚肉斜切成大片，拌上少許鹽和胡椒粉；蟹腿肉也拌上少許太白粉。
4. 白煮蛋每個切成 5 片；洋菇也切片。
5. 煮滾 4 杯水，放入魚片燙熟撈出。再放入花枝和蟹腿肉，改小火泡熟，撈出。
6. 燒熱 4 大匙油，放入蝦塊炒熟盛出。加入麵粉，小火炒至微黃，慢慢加入清湯，邊加邊攪成均勻的糊狀，放入洋菇片並加鹽、胡椒粉調味。加入奶油和鮮奶油調勻，關火，拌入海鮮料。
7. 烤碗中盛放海鮮料，同時加入白煮蛋，全部裝好後，撒下起司粉和起司絲。
8. 烤箱預熱至 220℃，放入烤碗，烤至起司融化且呈金黃色即可（約 10 ～ 12 分鐘）。

安琪老師的最愛
木耳小炒

課前預習

重點1 做菜好幫手「拍拍樂」

這個小道具非常實用，在很多賣場都可以找得到。只要將食材放進，拍個幾下，食材就能成為碎碎的。用來拍大蒜也很省事。

重點2 食材多少都可以

自己做菜的好處就是，食材數量的多寡，都可以由自己決定，因此喜歡木耳，就多放一點，喜歡芹菜多放點也沒有關係。香菜便宜一點的話，也可以多放一點。不喜歡香菜的人，也盡量少放一點點就好。

重點3 平常要養鍋

尤其是不鏽鋼的鍋子，會有做菜時黏鍋的問題，平常的刷洗也都有可能讓鍋子產生小小的表面刷痕，因此如果可以的話，做菜前先用一點油盪個鍋，使鍋油潤，再把油倒出來，放入新油炒菜，就可以比較不沾黏。

認識食材

1 木耳：

現在的營養學也都證實了木耳的營養成分，市面上甚至還出現了用木耳做成的飲品，可見木耳受到現代人重視的程度。木耳的特色也可參考第十四堂課的「金針雲耳燒子排」（第三集，P.32）。

學習重點

1 絞肉炒香的判斷

因為絞肉本身富含油脂，因此只要看到鍋中豬肉本身的油分被炒出來了，同時也可以聞到肉的香氣時，就表示已經炒熟，可以繼續下一個步驟了。

開始料理

材料：

絞肉 150 公克、乾木耳 3 ～ 4 大匙、芹菜 4 支、香菜 3 支、紅辣椒 1 支。

調味料：

醬油 1 大匙、鹽 1/2 茶匙、胡椒粉、麻油各適量。

做法：

1. 乾木耳泡軟後剁碎；芹菜切小粒；香菜取梗子部分，切成小段；紅辣椒去籽，也切碎。
2. 起油鍋燒熱 3 大匙油，放入絞肉炒一下，待絞肉變色已熟時，先淋下 1/2 大匙的醬油和絞肉一起炒透，使絞肉有香氣，再加入木耳一起大火翻炒。
3. 加鹽和胡椒粉調味，再加 3 ～ 4 大匙的水，以大火炒勻且沒有湯汁。關火後，撒下芹菜粒、香菜段、胡椒粉和紅辣椒丁，滴下麻油，略加拌勻即可起鍋。

絞肉多放一點，拌著麵吃，就又是道營養又有飽足感的便餐了。

料理課外活動

炒醬

材料：

魚丸150公克、蘿蔔乾150公克、老豆腐1塊、蝦米2大匙、大蒜屑1大匙、紅辣椒1支、豆豉1大匙。

調味料：

豆瓣醬1/2大匙、糖1/2大匙、水5大匙。

做法：

1. 魚丸依大小一切為兩半或四小塊。
2. 蘿蔔乾略泡水，抓洗乾淨，瀝乾水分。
3. 老豆腐切成約2公分大小的丁；蝦米泡軟、摘好；紅辣椒切小圓片；豆豉泡一下水，略剁兩三刀。
4. 鍋中將1杯油燒熱，放入豆腐炸黃外層，撈出，再將魚丸放入炸一下，撈出。
5. 鍋中僅留2大匙油，放下蝦米和蘿蔔乾先炒香，再加入大蒜末和紅辣椒同炒，待香氣透出，再加入豆豉並倒入調勻的調味料繼續炒香，最後加入魚丸丁和豆腐丁塊，炒至汁收乾即可盛出。

蒼蠅頭

材料：

粗絞肉 200 公克、韭菜花 150 公克、豆豉 1 又 1/2 大匙、紅辣椒 2 支。

調味料：

醬油 1 又 1/2 大匙、糖 1 茶匙、鹽少許、水 3 大匙。

做法：

1. 韭菜花洗淨、切成小丁；豆豉沖洗一下，再泡約 3 ～ 5 分鐘；紅辣椒切小丁。
2. 用 2 大匙油將絞肉炒散，放下豆豉和紅辣椒，小火將豆豉炒香。
3. 放入韭菜花，改大火炒透，加入調味料炒勻即可。

老少咸宜營養湯品

浮雲鱈魚羹

課前預習

重點1 什麼是浮雲

浮雲就是豆腐衣的碎邊。若沒有用剩下的豆腐衣，也可以將破的豆腐衣拿來撕碎。沒有豆腐衣的話，打個蛋花，或是買新鮮豆包撕碎加入也可以。

重點2 太白粉之外的勾芡粉料選擇

一般勾芡最常使用的就是太白粉，如果有健康上的疑慮，或擔心熱量過高，也可用玉米粉或日本太白粉代替。

認識食材

1 鱈魚：

鱈魚是深海魚，富含 DHA 和 EPA，養分充足。除了魚肉好吃，魚皮和魚骨可拿來熬製魚高湯。雖然鯛魚也是白色魚肉，但沒有魚皮、魚骨可做高湯較可惜。記得買正切切片的鱈魚，因為骨頭會比較好去，斜切片的較難去骨。

學習重點

1 魚高湯製作要點

先將魚皮魚骨和蔥、薑下鍋，因為鱈魚本身也含有油脂，因此不要放太多的油，再經過熗鍋之後，煮約 15 ～ 20 分鐘左右，過濾留下湯汁，魚高湯就可以完成了。

2 搭配嫩豆腐

為了搭配鱈魚細嫩的魚肉和羹湯滑順的口感，因此選用盒裝嫩豆腐，不需要使用到傳統的板豆腐。

開始料理

材料：

鱈魚 450 公克、豆腐 1 塊、豆腐衣 2 張、蛋 1 個、青蒜半支、蔥 2 支、薑 2 片。

醃魚料：

鹽、胡椒粉各少許、太白粉 2 茶匙。

調味料：

酒 2 大匙、鹽 1 茶匙、白胡椒粉適量、太白粉水適量。

做法：

1. 鱈魚去骨、去皮，魚肉切成指甲片，用醃魚料醃 15 分鐘。
2. 鍋中熱 2 大匙油，煎香蔥段、薑片和魚骨等，淋下 1 大匙酒和水 6 杯，煮滾後改小火煮 20 分鐘。過濾掉魚骨等。
3. 豆腐切小片；蛋打散；青蒜切絲。
4. 清湯（加水成為 6 ～ 7 杯的量）中放入豆腐煮滾，加少許醬油調色後，加鹽調味，放入鱈魚和豆腐衣煮滾後勾芡，打下蛋花，關火撒下青蒜絲和胡椒粉。

這是道營養充分的湯品，家中有老人和小孩的家庭，可以常做這道菜。

料理課外活動

瑤柱雞絲羹

材料：

雞胸肉120公克、干貝3粒、筍子1支、蔥1支、薑2片、雞清湯6杯、香菜適量。

調味料：

（1）鹽1/3茶匙、水1大匙、太白粉1/2大匙。

（2）酒1大匙、鹽1茶匙、太白粉水2大匙、白胡椒粉適量、麻油數滴。

做法：

1. 雞胸肉切成細絲，用調味料（1）拌勻，醃30分鐘以上。
2. 干貝加水（水量要超過干貝1～2公分），放入電鍋中，蒸30分鐘至軟，放涼後撕散成細絲。
3. 筍子削好，切成絲後放入碗中，加水蓋過筍絲，也蒸20分鐘至熟。
4. 起油鍋用1大匙油爆香蔥段和薑片，待蔥薑略焦黃時，淋下酒和清湯，再放入干貝（連汁）和筍絲（連汁）一起煮滾，夾除蔥薑。
5. 放下雞絲，一面放一面輕輕攪動使雞絲散開，加鹽調味，再以太白粉水勾芡。
6. 最後加入胡椒粉和麻油增香，裝碗後加入香菜段。

※ 雞絲放入湯中之前，可以先用筷子加以挑散，或加少許水調散開。

三絲魚翅羹

材料：
魚翅（散翅）400 公克、雞胸肉 1 片、冬菇 5 朵、筍 1 支、火腿 1 小塊、蔥 1 支、薑 2 片、高湯 9 杯。

煮魚翅料：
蔥 1 支、薑 2 片、酒 1 大匙、水 4 杯。

調味料：
酒 2 大匙、醬油 2 大匙、鹽 1 茶匙、太白粉水適量、胡椒粉少許。

做法：
1. 魚翅放鍋中，加煮魚翅料煮 10 分鐘，水倒掉，再加 3 杯高湯煮約 20 分鐘、至魚翅夠軟。
2. 雞胸煮熟，待冷後切成絲；香菇泡軟，切細絲；筍煮熟，切成絲；火腿蒸熟，也切成很細的絲。
3. 鍋內用 3 大匙油煎香蔥段和薑片，淋下酒爆鍋並加入 6 杯高湯，放入冬菇絲和筍絲煮 3 ～ 5 分鐘，加入雞絲煮滾，再加入魚翅，煮滾即用醬油調色、鹽來調味。
4. 再淋下適量的太白粉水勾芡。倒入大湯碗中，撒下火腿絲和胡椒粉即可上桌。

變化多端的北方菜

木須肉炒餅

課前預習

重點1 應用菜式多廣

木須肉是北方菜，可以用單餅捲著吃，也可做成木須肉炒餅、木須肉炒貓耳朵等等。也可以搭配生鮮和有Q度的細拉麵或稍粗的拉麵一起炒，就是木須肉炒麵。另外合菜帶帽是煎蛋皮蓋住綜合炒料搭配餅來吃，和木須肉是異曲同工的兩道菜式，也都是北方館子的經典菜餚。

重點2 那一種餅皮較適合

要選擇稍微有點厚度的餅，不要使用類似烤鴨餅皮那種比較薄的餅，厚一點的餅，吃起來也比較Q。通常在北方人的習慣裡，炒餅多半是前一天吃剩的餅，隔天再做的變化料理。

重點3 視餅皮鹹度來調鹹淡

有些餅皮本身就會有點鹹味，因此在這道菜中，鹹淡的調整非常重要。記得事先看餅皮的鹹度，如果是本身沒有鹹味的餅皮，記得在放水的時候，就先加點鹽調味，不要等到都炒好的再調味，鹽會散不開。

認識食材

1 木須：

木須的正確寫法應是木樨，很多人以為是木耳，但是，事實上木須指的是木樨花，北方人稱桂花為木樨花，而這道菜中，會把蛋炒得碎碎小小的，看起來與桂花相似，所以稱這道菜為炒木須肉。

2 乾木耳：

乾木耳發泡後，吃起來比較脆，而且乾貨保存也比較容易。在第十四堂課的「金針雲耳燒子排」（第三集，P.32）中也有使用到，可以參考木耳的介紹。

學習重點

1 判斷真空包筍的方法

打開包裝後，聞一聞如果沒有酸味，又還有筍香，就表示是品質非常好的真空包裝筍。

2 炒出好吃的碎碎蛋

通常 1 顆蛋要搭配 1 大匙的油，炒出來才會香。炒碎碎蛋只要邊倒蛋汁邊用鏟子攪拌，就可以炒成像木樨花一樣，小小碎碎的蛋，記得要炒到有點焦痕，蛋才會香。

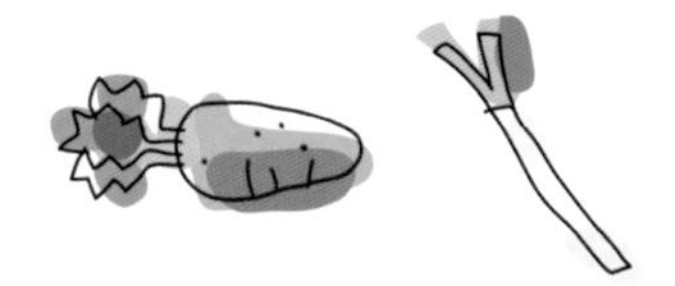

開始料理

材料：

豬前腿肉 150 公克、水發木耳半杯、蛋 2 個、菠菜 100 公克、筍 1 支、
蔥花 1 大匙、餅 1 大張。

調味料：

（1）醬油 1/2 大匙、水 1 大匙、太白粉 1/2 大匙。
（2）醬油 1 大匙、鹽 1/4 茶匙、清湯 2/3 杯。

做法：

1. 豬肉切絲後，用調味料（1）拌勻，醃上 10 分鐘左右。
2. 菠菜切成一寸長段；筍煮熟後切絲；蛋加 1/4 茶匙鹽打散後，先用少許油炒熟成碎碎的蛋粒。
3. 餅切成寬條。
4. 將油 1/2 杯燒至八分熱，落肉絲下鍋過油，待變色即撈出、瀝乾。
5. 僅留下 2 大匙油，先將蔥花放入爆香，再加入筍絲、木耳絲及菠菜拌炒一下，再放下餅，並加醬油和鹽調味，再加入清湯，拌勻燜 20 秒鐘，大火鏟拌均勻，再加入已炒熟之肉絲及蛋，便可盛出裝盤。

木耳是既營養又好入菜的食材之一，可以多加運用。

料理課外活動

韓式什錦炒粉絲

材料：

牛肉絲 150 公克、韓式粉絲 200 公克、木耳、胡蘿蔔、洋蔥、菠菜、香菇 3 朵、芝麻 1 大匙。

調味料：

（1）醬油 1 大匙、糖 1/2 大匙、胡椒粉少許、麻油少許、蔥末 1 茶匙、大蒜末 1 茶匙。
（2）醬油 3 大匙、糖 1 大匙、麻油 1 茶匙。
（3）鹽少許、糖適量、麻油 1 大匙、胡椒粉少許。

做法：

1. 牛肉和泡好的木耳一起用調味料（1）調味，放置約 20 分鐘。
2. 其他蔬菜類均切絲。
3. 粉絲先用水泡 30 分鐘至軟，切成 2～3 小段，用熱開水（加少許油）燙煮至 8 分熟，撈出；瀝乾水分。
4. 牛肉和木耳用少許油炒一下，盛出。菠菜用水燙一下，撈出擠乾水分。其他材料分別用少許油炒熟，僅加少許鹽調味。
5. 鍋中加少許油，加入調味料（2）拌炒均勻，盛出放在大盆中，加所有材料和調味料（3）拌勻，撒上芝麻即可。

台式炒油麵

材料：

豬肉絲 80 公克、香菇 3 朵、蝦米 1 大匙、胡蘿蔔絲 1/2 杯、高麗菜 300 公克、蔥 1 支、紅蔥頭末 1 大匙、油麵 300 公克、香菜少許。

調味料：

（1）醬油 1 茶匙、水 1 大匙、太白粉 1/2 茶匙。

（2）淡色醬油 1 大匙、鹽少許、清湯 1 杯、白胡椒粉 1/4 茶匙、麻油 1/2 茶匙。

做法：

1. 肉絲用調味料（1）拌醃一下。
2. 香菇泡軟，切絲；蝦米洗淨泡軟，摘去頭、腳的硬殼；高麗菜切絲。
3. 起油鍋用 2 大匙油先將紅蔥末炒至金黃色，撈出，再放下肉絲炒散。
4. 繼續放下蔥段、香菇及蝦米炒香，放下胡蘿蔔和高麗菜絲，炒至高麗菜略回軟。
5. 加入醬油、鹽和清湯（可包括泡香菇的汁），改小火燜煮 1 ～ 2 分鐘。
6. 放油麵和紅蔥酥炒拌，至湯汁收乾（火可大些），撒胡椒粉及麻油，拌勻即可裝盤。

第二十四堂課

蜇皮手撕雞

糖醋全魚

香乾肉絲

炸醬麵

高檔宴客涼拌菜

蜇皮手撕雞

課前預習

重點 1　冷凍庫裡的老滷派上用場

在第四堂課中，教過大家怎麼做滷味，也教過大家滷汁的保存方法，現在是時候可以拿出冷凍庫的老滷汁出來滷雞腿了。需要複習一下的朋友，可以參考第四堂課「基本滷味」與「滷味應用」（第一集 P.82 ～ 95）。

重點 2　8 分熱的水很簡單

衡量水的熱度，不必拿溫度計。燙海蜇皮的時候，需要的 8 分熱的水，只要在煮滾的 10 杯水中，關火後加入 2 杯冷水，就是 8 分熱的水了。不要用太熱的水，才不會使海蜇皮因過熱而收縮得太厲害。

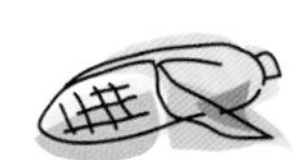

認識食材

1 海蜇皮：

海蜇皮就是水母。海蜇皮是以粗鹽和明礬乾燥而成，日本產的品質不錯，迪化街或較大的雜貨店就可買到。海蜇皮聞起來會有自然的海鮮腥味，挑選上以越厚的愈好，吃起來口感較佳。建議買一整張的海蜇皮，不要買切絲的，一來可能會有造假的疑慮，二來多是邊邊角角的部分，品質比較不好。

學習重點

1 泡發海蜇皮

將海蜇皮放入大盆中泡水 1 個小時，然後換水再泡 1 個小時，換了第三次水後，繼續泡 10 個鐘頭，直到明礬和鹼的味道去除，聞起來沒有腥臭味即可。切絲燙過之後，還需要再泡在冷水中 2 小時以上，可以用手動一動，海蜇皮膨脹後，口感也會比較好。

2 去掉蔥的辣氣

如果怕生蔥絲吃起來的味道太辛辣，可以將蔥泡在水裡，還可以讓蔥吃起來脆嫩一點。

3 炒香白芝麻

以不放油的乾鍋拌炒芝麻，當看到芝麻變黃，開始在鍋中跳動，表示芝麻受熱均勻，開始膨脹即將爆開，就要馬上關火盛出。若等芝麻全部跳完，油都跑出來了，會失去香氣只剩芝麻皮。

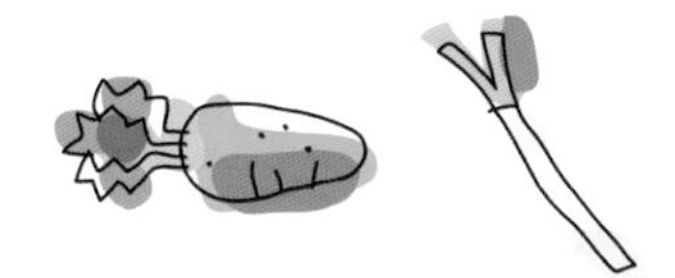

開始料理

材料：

雞腿 1 支、海蜇皮 450 公克、蔥絲 1/2 杯、嫩薑絲 2 大匙、香菜段 1/3 杯、白芝麻 1 大匙。

滷湯料：

醬油 1/2 杯、酒 2 大匙、冰糖 1 大匙、鹽 1 茶匙、五香包 1 個、水 6 杯、蔥、薑各少許。

綜合調味料：

滷湯 2 大匙、麻油 1 大匙、鹽 1/4 茶匙。

做法：

1. 雞洗淨瀝乾，放入滷湯之中煮至（約 20 分鐘）。關火燜 30 分鐘，取出放涼。
2. 海蜇皮切絲，沖泡約 2 ～ 3 小時，放入 8 分熱的水中燙 2 ～ 3 秒，撈出再泡冷水中，至海蜇皮漲大，用冷開水沖洗過，瀝乾水分。
3. 雞用手撕成絲放碗中，加入海蜇、蔥絲、嫩薑絲和香菜段，淋下綜合調味料拌勻後裝盤，撒下炒過的白芝麻即可。

當然你也可以買現成的滷雞腿或油雞腿回來做，但是自己滷的，總是比較香喔！

料理課外活動

山藥手撕滷雞

材料：

滷雞 1/2 隻、山藥 150 公克、洋蔥 1/3 個、香菜 2 支、炒過的芝麻 1 大匙。

調味料：

滷汁或淡色醬油 2 大匙、醋或檸檬汁 1 大匙、糖 1/2 茶匙、麻油 1 茶匙、蒜泥 1 茶匙、冷開水 1 大匙。

做法：

1. 滷雞可選用雞腿或雞胸肉部份，用手將雞肉撕成粗條。
2. 洋蔥切細絲，放入冰水中泡 5 ～ 10 分鐘，去除辣氣並增加脆度，瀝乾水分。
3. 山藥削皮、切成細條或刨成絲，放在盤子上；香菜洗淨、泡過水後切成段。
4. 調味料先調勻，一半淋在山藥上。
5. 另一半調味料和雞肉、洋蔥和香菜拌勻，再放在山藥上，撒上白芝麻即可。

雞絲涼麵

材料：

滷雞胸肉 1 片、油麵或細麵條 250 公克、黃瓜 1 支、蛋 1 個、白芝麻 2 大匙。

調味料：

芝麻醬 2 大匙、醬油 2 大匙、冷開水 2 大匙、醋 1/2 大匙、糖 1/2 茶匙、蒜泥 1 茶匙、辣油 1/2 大匙、麻油 1/2 大匙。

做法：

1. 雞肉切成細絲或撕成絲；黃瓜切絲；白芝麻炒香，盛出放涼；蛋打散，煎成蛋皮，切絲。
2. 麵條煮熟，快速用冰水沖涼，瀝乾水分。
3. 芝麻醬中分次加入醬油和水調稀，再加入其他調味料調勻。
4. 麵條裝盤，再將黃瓜、雞絲和蛋皮絲放在麵條上，淋下芝麻醬汁，撒下芝麻醬即可。

展現功夫的請客菜

糖醋全魚

課前預習

重點1 明油是什麼

明油又稱亮油，就是醬汁完成後淋上一匙熱油，增加醬汁的透明度、光澤度，亦有保溫、增香的效果，這道糖醋魚，就直接取油鍋的熱油即可。

重點2 適合孩子的簡單版變化

通常小孩子喜愛番茄醬、糖醋口味。可買鯛魚、青衣或石斑這類白色魚肉片，打斜切片，醃好沾太白粉炸成魚片來做糖醋魚片，也比較不費油。

重點3 二次炸，一定要取出鍋內食材

二次炸的目的在於讓食材上色，也更酥脆。但必須在第一次炸之後，將食材取出，否則油溫無法昇高，食材也會炸到太乾。因此，一定要取出食材，待油溫高了之後，再放入鍋中二次炸。

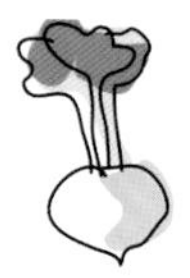

認識食材

1 黃魚：

目前野生黃魚較少，市面上黃魚多半是養殖的，不過魚肉鬆軟細嫩，尺寸大小一致，購買也很方便。除了黃魚之外，適合做糖醋料理的長條魚類，還有七星鱸魚、金目鱸魚和黑喉魚。

學習重點

1 黃魚處理

魚鰭較薄，經油炸會翹起不美觀，可用剪刀修剪尾鰭、背鰭和胸鰭，背鰭可先剪一刀用廚房紙巾包住整條拉除；魚頭皮也有腥氣，從翹起來的地方拉住往前撕除。

魚身須劃刀處理，第一刀最重要，劃得夠深夠斜，後面幾刀的魚肉才有空間可翻起。將魚頭擺左手邊，刀子放平由胸鰭後面下刀斜切，距離0.6～0.7 公分劃第二刀，斜切至碰到骨頭，把魚肉翻起再往前稍劃幾下，依序劃至魚尾，魚身兩面的刀數要一致，務必要切得夠深，炸的速度才快。

2 炸魚技巧

第一次入鍋炸前，拎著魚尾抖掉多餘的太白粉，垂直入油鍋涮一下油再垂直拿起，重複動作 4 次，中間手都不可放掉，直到第 5 次才可放手把魚放入油鍋中炸。4 上 4 下用意在於讓劃好的魚肉兩面翻起開花，不會黏著；若一開始直接丟入油鍋，則鍋底那面的魚肉被壓住開不出花，白費了劃刀的功夫。

3 澆淋醬汁的技巧

可以用廚房紙巾輔助，將炸好瀝乾的魚立起來，壓一壓稍微固定，再淋下糖醋汁，如此一來，兩面的魚肉都會沾裹上醬汁；若將魚擺放在盤中，底部那面會浸在醬汁裡，失去了脆度。

開始料理

材料：

長型魚 1 條（約 600 公克）、洋蔥丁 1/2 杯、番茄丁 1/2 杯、香菇丁 2 大匙、青豆 2 大匙、太白粉 1/2 杯。

調味料：

（1）蔥 1 支、薑 2 片、鹽 2/3 茶匙、酒 1 大匙。

（2）番茄醬 3 大匙、糖 4 大匙、醋 4 大匙、鹽 1/4 茶匙、水 1/2 杯、太白粉 1/2 大匙、麻油 1 茶匙。

做法：

1. 魚打理乾淨，在兩側魚肉上，打斜刀切深而薄的刀口，用調味料（1）醃 15 分鐘。
2. 用太白粉沾裹魚身，投入熱油中炸兩次至酥而脆，撈出，瀝乾油。站放在大盤中。
3. 用 2 大匙油先炒香洋蔥，再放入香菇、番茄丁和青豆，並將調勻的調味料（2）倒入煮滾，全部淋在魚身上。

老師的話

雖然是道費工夫的菜，但是好好練習，請客時露上一手，也能賓主盡歡。

料理課外活動

糖醋雙魷

材料：

新鮮魷魚 1 條、水發魷魚 1 條、油條 1 支、大蒜 3 粒、薑 3～4 片。

調味料：

糖 4 大匙、醋 4 大匙、番茄醬 1 大匙、酒 1/2 大匙、鹽 1/4 茶匙、水 1/2 杯、太白粉 1 茶匙、麻油 1/4 茶匙。

做法：

1. 分別在鮮魷及水發魷魚的內部切上交叉切口，再分割成 3 公分大小。
2. 大蒜切片、油條切成小段放入烤箱中烤脆，或油炸至酥脆、撈出，放入盤中。
3. 煮滾 5 杯水，把兩種魷魚燙過，待捲起時，立刻撈出。
4. 鍋中用 1 大匙油把大蒜片和薑片炒香，倒下調勻的調味料，待煮滾後放下兩種魷魚，快速炒拌均勻，盛裝在油條上。

糖醋黃金捲

材料：

牛絞肉 100 公克、餛飩皮 12 張、洋蔥丁 2 大匙、麵粉 1 大匙。

調味料：

（1）鹽 1/4 茶匙、水 1 大匙、蛋白 1 大匙、太白粉 2 茶匙、醬油 1/2 大匙。

（2）番茄醬 2 大匙、糖 1 大匙、醋 1/2 大匙、鹽 1/4 茶匙、水 4 大匙、太白粉 1/2 茶匙。

做法：

1. 牛絞肉再用刀剁細一點，放入碗中，先加鹽和水攪拌，使牛肉吸水後膨脹，再放下蛋白攪拌，使蛋白和牛絞肉完全融合，再拌入太白粉和醬油。
2. 在餛飩皮中間塗上薄薄一層牛絞肉，由尖角處捲起，捲至最後一角處，用麵粉和水調製的麵糊塗抹封口，同時兩頭開口處也沾少許麵粉胡封住。
3. 用 1 大匙油炒香洋蔥丁，加入調味料（2）煮滾，盛入小碗中作為沾料。
4. 油燒至 8 分熱後，放下牛肉捲炸熟，當外表成金黃色時便可撈出，瀝淨油、排入盤中，和沾料一起上桌。

輕鬆美味家常小炒

香乾肉絲

課前預習

重點1 豆乾切得均勻最重要

切豆乾的時候，每一片都要切得非常均勻，不能有的厚有的薄，有的粗有的細，因為刀工關係到火侯，切得不均勻也容易有生熟不一的狀況。切成豆乾絲時，將切片的豆乾鋪排好，刀子打斜推刀切絲，切出來的豆乾絲，頭尾尖尖的比較活潑不呆板。

重點2 可以一次多醃一點肉絲

如果家裡常有用到肉絲的菜色，可以一次醃好三、四天使用的份量，利用保鮮盒裝起來，冷藏保存起來，需要使用的時候，取用一點就可以了，讓做菜既方便又輕鬆。

認識食材

1 豆乾：

要選用白色豆乾或五香豆乾都可以，買回來後，可以泡水放入冰箱保存，避免酸壞。尤其在夏天時，記得用手摸摸看，豆乾表面是否發黏，或是聞一下是否有酸味來判斷新鮮與否。

學習重點

1 豆乾先汆燙創造口感

豆乾口感要軟嫩，需要先快速汆燙 20 秒，去除石膏的澀口味後再炒。燙好的豆乾若沒有馬上要下鍋炒，就要泡在水中，免得豆乾隨著時間出水，又老掉了。

2 炒豆乾時的小訣竅

炒豆乾的時候，最怕吃完感覺到很油，因此炒完肉絲後，如果油份太多，記得先倒出一點油再炒豆乾。也可以加點水，讓所有食材的味道融合在一起。翻炒豆乾時，記得從鍋子底部舀起，利用抖動來鬆開豆乾，才不會把豆乾炒斷掉。

開始料理

材料：

肉絲 150 公克、豆腐乾 10 片、香菜 4 ～ 5 支、蔥絲 1 大匙、紅辣椒絲少許。

調味料：

（1）醬油 1/2 大匙、水 2 大匙、太白粉 1/2 大匙。

（2）醬油 2 茶匙、鹽 1/4 茶匙、麻油數滴。

做法：

1. 肉絲用調味料（1）拌勻，醃 30 分鐘。
2. 豆腐乾先横著片切成 4 片，再切成細絲，用滾水燙 10 ～ 15 秒鐘，撈出、瀝乾水分。
3. 香菜取梗部，切成 2 公分段。
4. 肉絲用約 4 大匙油快速過油，撈出，油倒開，僅留 1 大匙爆香蔥絲，放下豆乾絲、辣椒絲和醬油及鹽及水 3 ～ 4 大匙，快火炒勻，加入肉絲和香菜梗再快炒兩三下，滴少許麻油即可關火盛出。

不喜歡香菜的人，不放香菜也沒關係的！

料理課外活動

臘肉炒豆乾

材料：

臘肉 150 公克、豆腐乾 5 ～ 6 片、蘿蔔乾 2 大匙、乾辣椒 4 ～ 5 支、紅辣椒 2 支、大蒜 2 ～ 3 粒、青蒜 1/2 支。

調味料：

鹽少許、水 3 ～ 4 大匙。

做法：

1. 臘肉刷洗一下，放入電鍋中蒸熟，切成片。
2. 豆腐乾切片；蘿蔔乾沖洗一下，擠乾水份，可以略切小一點。
3. 紅辣椒切段；大蒜切小；青蒜切段。
4. 用 1 大匙油把臘肉先炒香，放下大蒜粒、紅辣椒及乾辣椒炒一下，續放蘿蔔乾和豆腐乾再炒，加入適量的鹽和水，藉水氣把各種材料味道炒融合。
5. 最後再加入青蒜段再炒一下，關火。

魚香肉絲

材料：

瘦豬肉 250 公克、荸薺 6 個、乾木耳 1 大匙、大蒜屑 2 茶匙、薑屑 1 茶匙、蔥花 1 大匙。

調味料：

（1）醬油 1/2 大匙、水 2 大匙、太白粉 1/2 大匙。

（2）辣豆瓣醬 1 又 1/2 大匙、醬油 1 大匙、醋 1/2 大匙、酒 1/2 大匙、糖 2 茶匙、水 3 大匙、麻油 1/4 茶匙、花椒粉 1/4 茶匙、太白粉 1 茶匙。

做法：

1. 豬肉切絲後用調味料（1）拌勻，醃 20 分鐘。
2. 荸薺切絲；乾木耳泡軟、摘好，切成粗絲；碗中先把調味料（2）調好。
3. 將 1 杯油燒至 7 分熱，放入肉絲過油，肉絲變色將熟時，立刻撈出。
4. 用 1 大匙油爆香薑、蒜屑，放入木耳和荸薺同炒，再加入肉絲拌炒數下，淋下調勻的綜合調味料，炒拌均勻即可。

獨家配方不藏私分享

炸醬麵

課前預習

重點1 程家炸醬麵的特色

炸醬麵可以說是家家都有自己的配方，程家的炸醬麵則是加了大白菜和蝦米，也沒有放豆乾等等配料。可以做做看，喜不喜歡程家炸醬麵的味道。

重點2 炸醬的元素

上海人稱的炸醬麵，就是八寶醬拌麵，是利用筍丁、香菇、豆乾丁等配料加入甜麵醬炒香，也都是利用甜麵醬為基底的拌醬。這次示範的炸醬，是由豆瓣醬和甜麵醬組成，比例是 1:3，豆瓣醬則依個人口味選用原味或辣味的。

認識食材

1 大白菜：

大白菜一年四季都可以買得到，也是北方人家中常備的蔬菜，在炸醬中加入大白菜，也可以讓絞肉吃起來比較不乾硬。大白菜與絞肉的比例，1:2或 1:1 都可以，可視自己喜歡的口感決定。

學習重點

1 第一回合：炒大白菜

起油鍋依序放入蝦米、蔥花，香味一出來就放入大白菜，免得蝦米碰到熱油會跳蹦。大白菜只要炒到沒有生生味道、開始軟化就可以盛出，此時先不用調味，醬料加入後再一併調味即可。

2 第二回合：炒絞肉與醬

將絞肉炒到油被逼出來後盛出，繼續炒香麵醬。加點油，直接將調勻的豆瓣醬和甜麵醬放入鍋中拌炒，用小火將醬炒香，利用醬料的熱氣再下蔥花，逼出香氣。最後，再將絞肉和大白菜和醬料一起拌炒。

3 第三回合：燉煮炸醬

加入蓋過肉的水量和先前的蝦米水，煮滾後用小火燉 30 ～ 40 分鐘，收到剩一點湯汁再加入毛豆燒一下，毛豆要煮至熟才比較耐放。

開始料理

材料：

豬絞肉 450 公克、大白菜 300 公克、蝦米 2 大匙、毛豆 2 大匙、蔥屑 3 大匙、麵條 600 公克、黃瓜絲 1/2 杯、豆芽（燙過）1 杯、蛋 2 個。

調味料：

甜麵醬 3 大匙、豆瓣醬 1 大匙、醬油 1 大匙、糖 1/4 茶匙。

做法：

1. 將大白菜切碎，蝦米泡軟後也略加切碎備用。
2. 甜麵醬及豆瓣醬盛在碗內加入水、醬油及糖調勻。
3. 起油鍋先用 3 大匙油炒絞肉，至肉熟後盛出。另用 2 大匙油爆香蝦米和蔥花，再加入白菜丁，炒至軟，盛出。
4. 另燒熱 3 大匙油在炒鍋內爆炒拌調過的甜麵醬，用小火炒香，再將絞肉和白菜倒入醬中，加水約半杯，以小火燉煮約半小時。最後加入毛豆煮熟。
5. 將麵條煮熟後撈出，分別盛在碗中上桌。附上黃瓜絲、蛋皮絲和綠豆芽，一起拌食。

炸醬的調味，建議留到加水燉煮過後再進行，比較精準。

料理課外活動

XO醬涼拌麵

材料：

細麵200公克、茭白筍2支、綠蘆筍6～8支。

調味料：

鹽1茶匙、XO醬2大匙、醬油1大匙、麻油1茶匙。

做法：

1. 茭白筍整支放入少量的水中煮熟或蒸熟，約8～10分鐘，取出、沖涼後放入冰箱中冰鎮30分鐘，切成條。
2. 蘆筍切斜段；碗中將XO醬和醬油、麻油調勻。
3. 鍋中煮滾8杯水，加入1茶匙鹽，放下蘆筍燙熟，撈出、沖涼、瀝乾。
4. 再把麵條放入滾水中，水滾後加1次冷水，將麵條煮熟，撈出、沖涼，放入碗中。
5. 茭白筍和蘆筍都放入碗中，淋XO醬和麵條一起拌勻，裝盤後可再加些XO醬。

醬爆三丁拌麵

材料：

豬肉 300 公克、蝦米 2 大匙、筍 1 支、蔥屑 3 大匙、細麵 300 公克、青豆 2 大匙。

調味料：

甜麵醬 2 大匙、豆瓣醬 1 大匙、醬油 1 大匙、糖 1/2 茶匙、水 1/2 杯。

做法：

1. 蝦米泡軟，大的略微切小一點；豬肉切丁；筍也切丁；蛋打散，煎成蛋皮。
2. 起油鍋，先用 2 大匙油炒豬肉，肉熟後盛出。
3. 鍋中另加 1 大匙油入鍋，爆香蝦米、筍丁和蔥花，放下甜麵醬和豆瓣醬炒一下，再把肉丁放回鍋中，加醬油、糖和水 1/2 杯，以小火煮 1 ～ 2 分鐘，關火。
4. 將麵條煮熟後撈出，盛在麵碗中，放上約 2 ～ 3 大匙的醬料和醬汁拌勻即可。

安琪老師推薦
料理小幫手

料理的美味程度，往往取決於食材，然而廚具也是不可忽略的關鍵所在。
選用優良的廚具，料理過程更加得心應手，美味程度更加分！

森產業香菇醬油露（葷、全素）
葷：含「香菇」、「柴魚」、「海帶」，
風味獨特，為料理調味好幫手。
全素：專為素食者調製、
不含柴魚的全素香菇醬油。

義大利RAVIDA特級
有機冷壓橄欖油
豐富的維他命E，具不飽和油脂，
是最佳中西烹飪食材。

富貴食研特級手工黃金芝麻醬
精選中東土耳其黃金芝麻研磨，
香味濃厚，是多功能萬用芝麻醬。

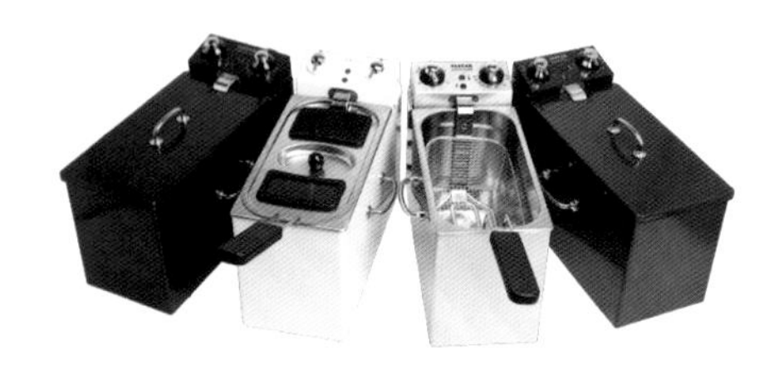

飛騰油炸鍋
法國原裝，COLD ZONE之殊設計，
可避免不同之油炸食物同時油炸，
產生味道混淆之現象。

飛騰多功能烤箱
法國原裝，專業級烤箱，
內壁自動清潔不沾材質，
溫控精準，穩定性高，保濕度好。

飛騰純手工打造鈦金屬方型鍋
德國工藝，不可思議的烹調效果，
能令果菜色澤還原、纖維恢復，
保留食物原汁原味。

剁椒醬
慎選當季辣椒，新鮮食材讓美味更加分
（不含防腐劑）

麻辣醬
簡單稀釋步驟在家也可輕鬆D.I.Y吃鍋物
（不含防腐劑）

頂級芝麻醬
選用上等芝麻搭配極少許花生醬，
簡單食材嚐出不平凡味蕾
（素，不含防腐劑）

寶川
川味麻辣總匯
幸福的好滋味
不含防腐劑，不加化學添加劑
守護全家人的健康
專 營：數種麻辣口味鍋底、川菜、麻辣鍋必備醬料、川味麻辣辛香料
為四川“鵑城牌”台灣總代理
寶川 搜尋
寶之川股份有限公司
電 話：02-23091002
地 址：台北市寧波西街237號
SGS
UKAS
FOOD SAFETY MANAGEMENT
芥末油
麻味花椒油
花椒
甜酒釀
辣豆瓣

VASTAR Hotplate

革命性的烹調器具— 飛騰電爐

廣南國際有限公司｜ Vastar International Corp
臺北市士林區雨農路24號
TEL：(02)2838-1010 FAX：(02)2838-1212

當新時代的來臨，生活上有了飛騰家電，相信家庭主婦與新時代的女性及新好男人不需要再害怕油煙、污垢、電磁波而不敢進廚房。未來的廚房不難想像飛騰家電的高科技、高品質、安全性與便利性的廚房家電與廚房器具將勢必共同參予你我未來的生活。

一般家庭主婦最害怕進廚房的原因就是廚房裡永遠充滿了油煙污垢，新時代的女性喜歡開放式的廚房，可是又害怕廚房的油煙充斥著屋內的每個角落。當您看到國外影集、居家雜誌，或是有機會曾經在國外居住過，總是會好奇為什麼國外的廚房總是特別乾淨？

主要原因是

國外顯少使用瓦斯爐作為烹調器具。其實廚房內絕大部分之油煙污垢皆為瓦斯爐之一氧化碳燃燒不完整所造成的。一般歐美家庭較習慣使用電爐作為烹調器具，因而較不易產生油煙。然而目前在國內的市場上電爐還並不十分普及，由於長年以來國內之家庭主婦較習慣使用瓦斯爐，認為要看的到火，東西才能煮熟。其實不然，電爐雖然剛開始加熱時需要一點時間預熱，可是當它的溫度上升到我們要求的溫度時候它是較瓦斯爐來的容易控制火力且穩定性也較高。

一般來說家庭主婦若使用過電爐他們會發現

(1) 鍋子底部變更乾淨了

通常鍋子底部會焦黑難清洗之原因是瓦斯爐一氧化碳燃燒不完整所造成的。若您使用飛騰電爐就不會有這個困擾了。

(2) 安全性較高

家裡若有小孩或是老人家的話，最害怕他們煮東西時有時會忘記關瓦斯、有時煮東西時湯汁溢出而不自覺造成瓦斯外洩氣爆。而若使用電爐，以最新款的飛騰德國光學觸控式電爐來說。其烹煮時間若超過一定的時間它會當成你忘記了而自動將電源切斷，而且若湯汁溢出流至觸控感應區，此電爐將會智慧判斷自動切斷電源。

(3) 家庭主婦不再成為黃臉婆

家庭主婦一餐飯煮下來總覺得蓬頭垢面、滿身大汗。主要是因為瓦斯爐的火苗往爐外擴散時會讓整間廚房感到十分燥熱而且到處充滿油垢，令家庭主婦感到疲憊不堪。只有貼心的飛騰電爐直接由爐面導熱至鍋具，既不浪費能源且不會產生廚房燥熱之問題，可以讓家庭主婦在廚房裡一樣當貴婦。

(4) 超低電磁波

市面上之烹調爐具除了瓦斯爐以外另外有電磁爐及鹵素爐以及飛騰電爐。長期以來飛騰家電最感到驕傲的是幾乎所有消費者都認同飛騰家電是超低電磁波的代名詞。

電磁爐的發熱原理為利用電磁波去震盪鍋具的鐵分子而產生熱能，所以電磁爐會挑選鍋具，一定要含有足夠鐵的成分的鍋具才有辦法導熱。如：砂鍋、陶瓷鍋、鋁鍋、耐熱玻璃、不繡鋼鍋等…皆無法使用在電磁爐上；除非上述鍋具在底部有加上一層鐵片，才可用於電磁爐上。

近來消費意識抬頭，愈來愈多媒體不斷的在報導電磁波對人體造成的傷害與影響，導致消費者害怕使用電磁爐並不僅止於鍋具受限之原因，而是害怕電磁波對人體之傷害。據：醫學博士金忠孝教授所著：致病的吸引力『電磁波』所述：『電磁波之可怕之處是在於看不到、摸不到、聞不到而且又沒有熱效應，因而無法判斷其是否存在於你我身邊』，如同瓦斯若沒有加上味道則一樣是難以判斷是否有瓦斯外洩。簡單來講，要判斷家裡的爐具是否是電磁爐，最簡單的方式，可利用家裡各式各樣之鍋具煮煮看是否有辦法加熱，比方說像砂鍋、陶瓷鍋、耐熱玻璃等…若無法加熱且啟動電源後爐面沒有任何溫度（沒有熱效應）則可斷定此爐具為電磁爐，當然也可以至儀器行購買檢測電磁波儀器，也是個不錯的方法。致於如何判別是否為鹵素爐亦不困難，鹵素爐由於使用鹵素燈管（HALOGEN）為其加熱元件故其爐面加熱後會有熱度且有極為刺眼之紅光亮度，不過值得注意的是其鹵素燈管元件加上其風扇馬達所產生的電磁波劑量並不亞於電磁爐。

當新時代的來臨，生活上有了飛騰家電，相信家庭主婦與新時代的女性及新好男人不需要再害怕油煙、污垢、電磁波而不敢進廚房。未來的廚房不難想像飛騰家電的高科技、高品質、安全性與便利性的廚房家電與廚房器具將勢必共同參予你我未來的生活。

RM5RNS

RM9

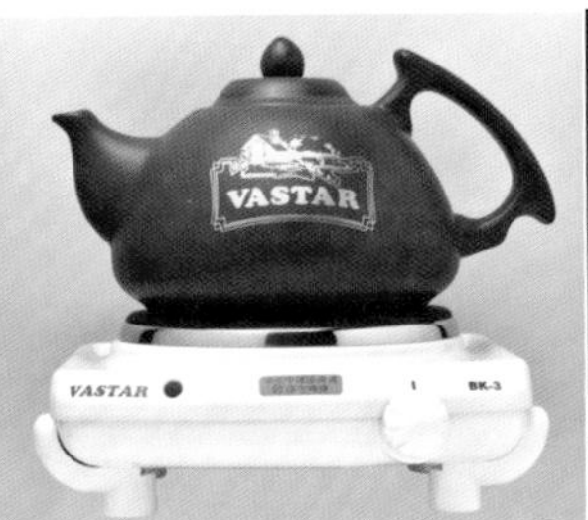

BK3+CAS55

RM9

本公司各大百貨專櫃

大葉高島屋12F｜太平洋SOGO台北忠孝店8F・SOGO新竹站前店9F・SOGO新竹BigCity店6F・SOGO高雄店10F｜遠東寶慶店8F｜遠東FE21板橋店10F｜新光三越南西店7F・新光三越新竹店7F・新光三越台中店8F｜中友百貨台中店B棟10F

RM66TM

RM66TC+SK801

RM88BBQ

RM66TCTM

RM88TCTM REM66 RM88 SEM66

國家圖書館出版品預行編目 (CIP) 資料

安琪老師的 24 堂課 . IV, 19-24 堂課 / 程安琪作 . -- 初版 . -- 臺北市 : 橘子文化 , 2014.02
面 ; 公分
ISBN 978-986-6062-84-1(平裝)

1. 食譜

427.1 103000195

作　　者　程安琪
攝　　影　強振國
DVD 攝影　吳曜宇
剪　　輯　昕彤國際資訊企業社

發 行 人　程安琪
總 策 劃　程顯灝
編輯顧問　潘秉新
編輯顧問　錢嘉琪

總 編 輯　呂增娣
主　　編　李瓊絲
執行編輯　徐詩淵
編　　輯　吳孟蓉、程郁庭、許雅眉
美　　編　菩薩蠻數位文化有限公司
封面設計　洪瑞伯、鄭乃豪
行銷企劃　謝儀方

出 版 者　橘子文化事業有限公司
總 代 理　三友圖書有限公司
地　　址　106 台北市安和路 2 段 213 號 4 樓
電　　話　(02) 2377-4155
傳　　真　(02) 2377-4355
E－mail　service@sanyau.com.tw
郵政劃撥　05844889 三友圖書有限公司

總 經 銷　大和書報圖書股份有限公司
地　　址　新北市新莊區五工五路 2 號
電　　話　(02) 8990-2588
傳　　真　(02) 2299-7900

初　　版　2014 年 2 月
定　　價　320 元
ＩＳＢＮ　978-986-6062-84-1

地址： 縣/市 鄉/鎮/市/區 路/街

段 巷 弄 號 樓

廣 告 回 函
台北郵局登記證
台北廣字第2780號

三友圖書有限公司 收

SANYAU PUBLISHING CO., LTD.

106 台北市安和路2段213號4樓

SANYAU

三友圖書 / 讀者俱樂部

填妥本問卷，並寄回，即可成為三友圖書會員。
我們將優先提供相關優惠活動訊息給您。

粉絲招募
歡迎加入

◦看書 所有出版品應有盡有
◦分享 與作者最直接的交談
◦資訊 好書特惠馬上就知道

旗林文化╳橘子文化╳四塊玉文創
https://www.facebook.com/comehomelife

【黏貼處】對折後寄回，謝謝。

親愛的讀者：

感謝您購買《安琪老師的24堂課第Ⅳ集》一書，為感謝您的支持與愛護，只要填妥本回函，並寄回本社，即可成為三友圖書會員，將定時提供新書資訊及各種優惠給您。

1 您從何處購得本書？
☐博客來網路書店 ☐金石堂網路書店 ☐誠品網路書店 ☐其他網路書店
☐實體書店______

2 您從何處得知本書？
☐廣播媒體 ☐臉書 ☐朋友推薦 ☐博客來網路書店 ☐金石堂網路書店
☐誠品網路書店 ☐其他網路書店______☐實體書店______

3 您購買本書的因素有哪些？(可複選)
☐作者 ☐內容 ☐圖片 ☐版面編排 ☐其他______

4 您覺得本書的封面設計如何？
☐非常滿意 ☐滿意 ☐普通 ☐很差 ☐其他______

5 非常感謝您購買此書，您還對哪些主題有興趣？(可複選)
☐中西食譜 ☐點心烘焙 ☐飲品類 ☐瘦身美容 ☐手作DIY
☐養生保健 ☐兩性關係 ☐心靈療癒 ☐小說 ☐其他______

6 您最常選擇購書的通路是以下哪一個？
☐誠品實體書店 ☐金石堂實體書店 ☐博客來網路書店 ☐誠品網路書店
☐金石堂網路書店 ☐PC HOME網路書店 ☐Costco
☐其他網路書店______ ☐其他實體書店______

7 若本書出版形式為電子書，您的購買意願？
☐會購買 ☐不一定會購買 ☐視價格考慮是否購買 ☐不會購買
☐其他______

8 您是否有閱讀電子書的習慣？
☐有，已習慣看電子書 ☐偶爾會看 ☐沒有，不習慣看電子書
☐其他______

9 您認為本書尚需改進之處？以及對我們的意見？
____

10 日後若有優惠訊息，您希望我們以何種方式通知您？
☐電話 ☐E-mail ☐簡訊 ☐書面宣傳寄送至貴府 ☐其他______

謝謝您的填寫，
您寶貴的建議是我們進步的動力！

姓名______________ 出生年月日______________
電話______________ E-mail______________
通訊地址______________________________

【黏貼處】對折後寄回，謝謝。